環境とビジネス

——世界で進む「環境経営」を知ろう

白井さゆり
Sayuri Shirai

岩波新書
2022

はじめに

私たちの住む地球では、現在の経済や社会の仕組みをそのまま続けていけば持続的（サステナブル）でなくなることは、よく知られた事実である。ふんだんに化石燃料や資源を使って大量に生産・消費する仕組みが、環境に大きな負荷をかけており、それにより気候変動、生態系の変化、自然資源の減少といった問題が顕在化してきているからである。その速さは、想像以上だ。

そうした問題は、経済的・社会的損失、生活不安、紛争、格差・貧困とも深く関わっており、社会・政治の不安定化にも直結している。現状維持を続けていれば、便利ではあるが将来の世代の人たちにその問題のしわ寄せが集中していくことになる。気候変動問題は１７０年ほど前から産業の発展や経済活動の拡大とともに徐々に蓄積されているが、ここ20年ぐらいの間に急速に悪化している。

このまま放置すると温暖化の加速により環境や社会に大きな損失や被害が生じると見込まれるため、皆がともに地球的課題について理解を深め、改善に向けて力を注ぐことが急がれる。

環境負荷をかけ過ぎないように、これまでの大量生産・消費を中心とする経済の仕組みを見直すことから始める必要がある。化石燃料使用の削減、自然資源や生態系の保全、廃棄物・フードロスの減少とともに、コミュニティや労働者の生活といった社会的側面に配慮して、皆で「責任ある生産・消費」を行う仕組みへ変えていくことが大切である。

本書で伝えたいことは、気候変動を含む環境リスクが無視できない大きさとなってきている現在、そうしたリスクを意識して企業が今から取り組むことが、企業経営を長く存続させるための重要な戦略となりつつあるということである。現在のビジネスの在り方をこの観点から改めて見直していくことが、企業の長期的価値を高めることにつながっていくであろう。経営に環境的観点を取り込む「環境経営」への世界の動きは、多少の揺り戻しがあっても、変わることはないことを知っていただきたい。

筆者は気候変動を含む環境問題について、多くの国際機関、政府・金融当局・中央銀行、企業、銀行や投資家、非営利組織と議論を重ねてきた。アジア開発銀行と同研究所を通じて、日本を含むアジアの金融当局との非公式対話の場や職員向けの研修の機会もつくっている。研究や執筆活動や対外発信も国内外で多数行っている。本書では、そうした経験をもとに、世界がこれから具体的にどこに向かおうとしているのか、世界の経営者がどのようなことを経営リスクととらえているのか、あるいはチャンスととらえているのか、企業が今後何をしたらよいのかを、「環境とビジネス」という独自の観点から執筆している。

本書が多くの皆様のお役に立つことができれば、幸いである。

目　次

第4章　企業経営の持続性に欠かせない「世界のトレンド」を知ろう……123

第6章　カーボンクレジットは企業の救世主になるのか

第1章

サステナブルな未来

――環境とビジネスは両立が可能

サステナブルな地球の未来のために経済の仕組みの転換が必要になるが、その転換を促す主体は政策や規制を担う各国政府である。だが、そうした政策を実践する主体は、主として産業を構成する企業である。

サステナブルな環境や社会が実現していると、企業のビジネスモデルがもたらす環境負荷は大幅に減っており、環境改善に資するような生産・営業活動が至る所で活発になっているはずである。多くの企業経営者は、定期的に売上高、利益、キャッシュフロー等の財務情報を示し、3〜4年先までの中期経営計画で掲げた財務目標の進展度や達成度によって株主に評価される傾向にある。それと同時に、世界では企業が新しい長期的な観点で経営手腕を発揮していくよう求め始めている。これまでの企業は短期的な視点で稼ぐ力を高め株主還元を進めることが重視されてきたが、サステナブルな企業経営でいかに稼ぐ力を高めていくかを追求する時代に入りつつある。いわゆるE(環境)、S(社会)、G(ガバナンス)の視点が重要になっている。

企業は生産・営業活動で環境負荷を減らし、従業員の労働環境や人権を尊重し、ソリューションとなるような商品・サービスを提供していくことにもっと知恵を絞らなければならない。企業の経営陣がリーダーシップを発揮し、生産・営業活動、組織・人事配置や報酬制度、原材料・部品の調達先等のサプライヤーの現状と課題を理解し、改善や改革を目指す強いガバナン

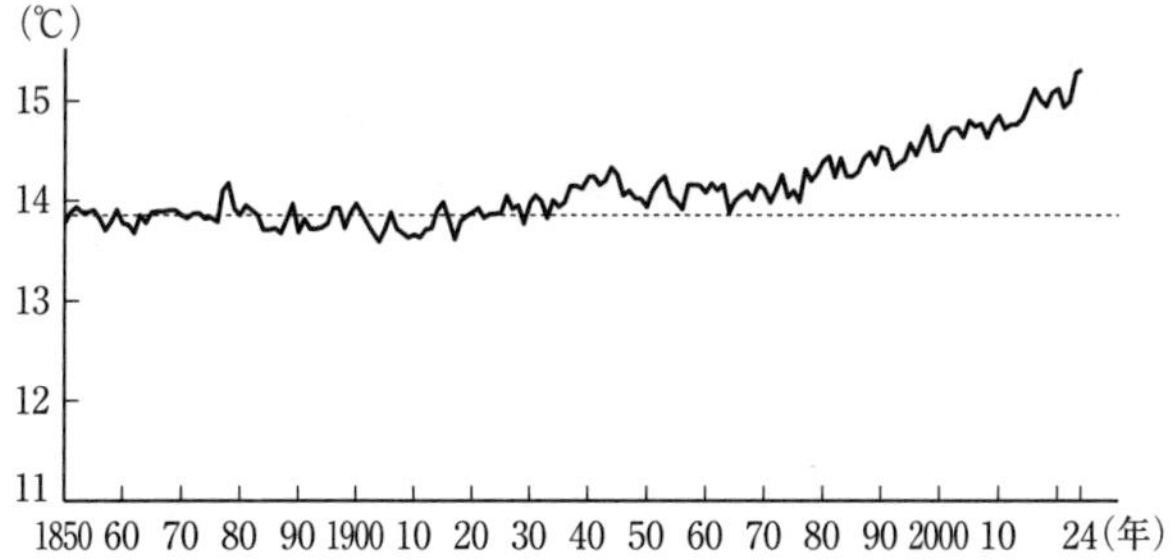

出所：クライメート・チェンジ・トラッカー

図 1-1　世界の平均気温

ス体制が必要になっている。とくにEの環境問題、中でも気候変動による温暖化が地球上の喫緊の課題として深刻さを増している。第1章では、世界の実情や基本的な考え方について紹介する。

観測史上最高気温が意味すること

世界では、極端な気象とそれによる自然災害が頻発し、大きな損失を地球上にもたらしている。2023年に世界は観測史上最高の平均気温に達し、日本でも夏季に30℃を超える異常な暑さを何か月も経験した。2023年は世界的に猛暑、森林火災、干ばつが続いた。温暖化は2024年に入っても続いている。温暖化が予想以上のペースで進んでおり、地球が憂慮すべき深刻な事態になりつつあることは明確な事実である。図1‐1は、1850年以降の世界平均気温を示しているが、2024年6月現在、15℃を少し上回っていることを示している。

世界では、海面上昇により住めなくなっている地域もあり、ここ数年の間に至る所で熱波や干ばつ、大洪水や集中豪雨、山火事、大規模なハリケーン・台風、南極の海氷面積の減少が起きている。ロシアのシベリア地方では、永久凍土が溶けて地中のメタンや二酸化炭素（CO_2）の放出が起きており、凍土に閉じ込められていた細菌やウイルスが人に感染するリスクも高まっている。

こうした異常気象により、多くの尊い人命の喪失とともに、空気の質が悪化することで肺疾患や心臓疾患の健康被害を訴える人が増えており、高温や洪水によりさまざまな細菌やウイルス等の感染症や伝染病の拡大につながっている。生態系も大きな打撃を受け生物多様性が急速に減少し、食料生産にも打撃をもたらしている。電力・港湾・道路等のインフラ、住居、工場・商業施設等の物理的資本が破壊される事例が後を絶たず、経済や価格にも影響を及ぼし始めている。

こうした地球上の気候が変動する現象は過去170年ほどの長い時間をかけて起きており、「気候変動」と呼ばれている。気候変動が極端な気象の頻度を高め、その規模を大きくしている。

地球温暖化は経済活動が原因

間違いなく、気候変動は現代の地球上の最大の課題のひとつである。気候変動の原因には火山活動や地球の公転軌道の変化等の自然現象として起きているものもあるが、最大の原因は「人間の活動」によって引き起こされていることが科学的に明らかにされている。

人間の活動とは、製造業でのエネルギーの燃焼、生産に利用されたガスの排出、森林の伐採や農業・林業等の土地利用の変化、牛肉の大量消費生活等を指している。とくに工業化により石炭、石油、天然ガス等の化石燃料をたくさん燃焼させてCO_2等の温室効果ガスを排出し、そのガスが大気に長く滞留して累積排出量が増加することで温暖化が進行している。森林伐採・森林劣化、牛肉生産のための牧畜、あるいはパーム油生産のためのプランテーションにより森林によるCO_2の吸収量が減って、温暖化つまり地球の平均気温を上昇させている。CO_2に限ると９割程度が化石燃料の消費、１割程度が土地利用やその利用の変化や農業による排出が原因となっている。

世界の人口が増えており、今のまま経済成長が続くと、温室効果ガスの排出量が増え続ける状態を食い止めることは難しいと考えられている。毎年の排出量は２０００年以降に大きく増えている。気候科学者たちは、現状のCO_2等の温室効果ガス排出量が毎年続き、大気中での濃度が高まり続けると、温暖化の記録は更新されていく可能性が高いと指摘している。

この状態を、図1-2で確認してみよう。図は、化石燃料の消費に由来するCO_2の年間排出量を示している。２００８～２００９年の世界金融危機や２０２０年の新型コロナ感染症危機の際には経済活動が停滞または縮小したので、排出量も低下した。しかし経済活動が回復してくると排出量がそれに合わせて増えてしまい、ならしてみると世界のCO_2排出量は増え続けていることが分かる。

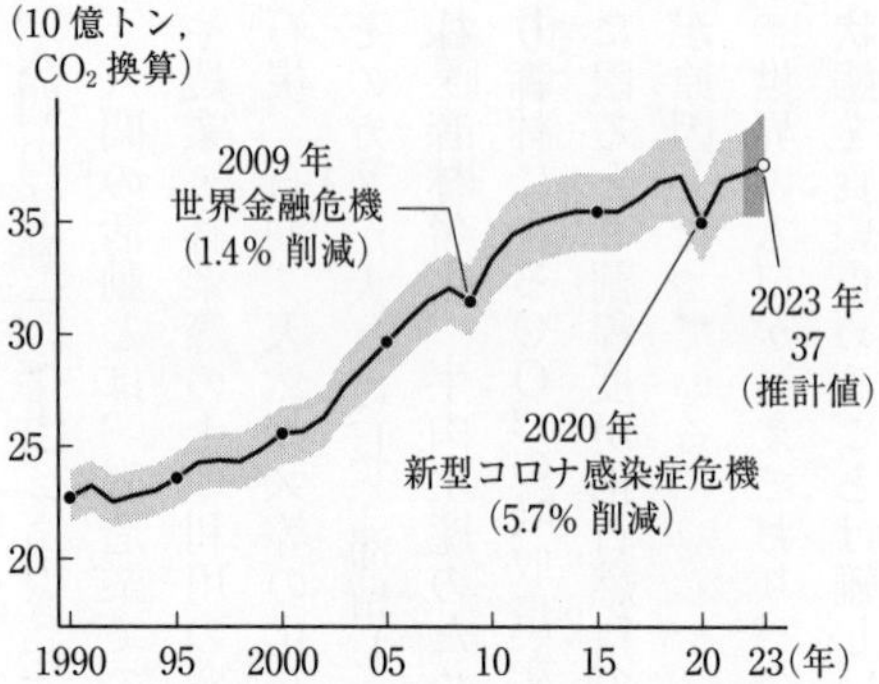

出所：グローバル・カーボン・プロジェクト(2023)

図1-2　化石燃料消費に由来する世界における二酸化炭素の年間排出量

世界の気候科学者の集まりである、国連の「気候変動に関する政府間パネル」（ＩＰＣＣ）はこうした温室効果ガスの「排出量の累積」が、温暖化と比例した関係にあることを明らかにしている。つまり、排出量の累積量と世界平均気温は明確にプラスの関係にある。このことから、新たに排出量が増える現状を転換させないと地球温暖化は今後も急ピッチで進んでいくと予想される。温暖化の進行を少しでも抑えるために毎年の温室効果ガスの排出量をできるだけ早く減らしていかなければならないと、世界の気候科学者たちは強い警告を発し続けている。

排出削減に向けて世界が合意した国際的な共通目標：パリ協定

世界の温室効果ガス排出削減により温暖化の進行を抑えるための国際的な取り組みとしては、日本を含む世界の大半の国が毎年参加する「国連気候変動枠組条約締約国会議」(ＣＯＰ、コップ)がある。ＣＯＰにおいて、温室効果ガス排出の削減等により気候変動の悪化を抑える「緩和」について長く議論が進められてきた。最近では、温暖化が予想以上に進行しているため、温暖化に対する経済の強靭性や対応力を高める「適応」に向けた取り組みについても議論が強化されている。

２０１５年にはパリで開催されたＣＯＰで、歴史的に重要な世界共通目標に先進国も途上国も合意した。それは、世界の平均気温上昇を(工業化前と比べて)「２℃より十分低く保ち、1.5℃に抑える努力をする」という目標で、全ての国が達成のために努力すべき共通目標として掲げられている。これがいわゆる「パリ協定の目標」である。

ここで言う工業化前の時期については、１８５０〜１９９０年が用いられることが多い。

パリ協定では、各国が国連に「国が決定する貢献」（ＮＤＣ）として排出削減目標を２０２０年までに提出し、その後は5年ごとに提出すると定めている。日本を含む世界の大半の国が２０３０年の削減目標を掲げ、２０５０年頃までに温室効果ガスの排出量を正味ゼロにすることを宣言している。中国やインドネシアは２０６０年頃まで、インドは２０７０年頃までに正味ゼロを実現すると約束している。２０２５年までに新たに２０３５年までの削減目標を示す必要がある。しだいに削減率を大きくして野心的な目標を設定することが期待されている。

温度目標に関連して、ＩＰＣＣが２０１８年に世界に大きな影響を与えた「1.5℃特別報告書」を発表している(IPCC 2018)。報告書では、世界平均気温上昇を工業化前に比べて1.5℃に抑制するためには、２０５０年頃までに正味ゼロを実現する必要があると主張した。正味ゼロについては本章で後述するが、この報告書の影響もあって、大半の国が正味ゼロの実現を宣言するに至っている。

温暖化についての世界の議論は、パリ協定の目標でも明らかなように、世界平均気温自体ではなく、「工業化前と比べた世界平均気温上昇の程度」をもとに議論が進められている。工業化以降に地球の温暖化が顕著に進んでいるからである。図1-3では、現在と工業化前の世界

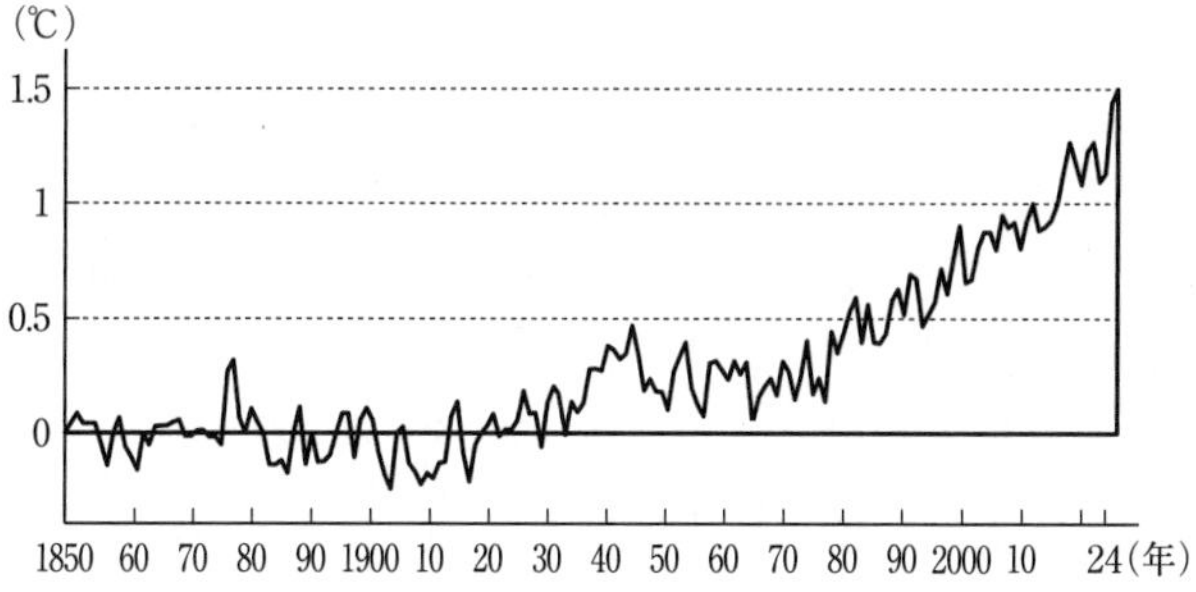

出所：クライメート・チェンジ・トラッカー

図1-3　工業化前と比べた世界の平均気温

平均気温の差を1850年から示している。近年、急速に温暖化が進んでおり、2024年6月現在の世界の平均気温は既にパリ協定目標の1.5℃程度に達していることを示している。ただし、パリ協定の温度目標は、1年程度世界の平均気温が目標を超えただけではそれから逸脱し、目標の実現が不可能になったとはみなされない。この数字だけで慌てる必要はないが、この状態が長期化すれば世界にとって憂慮すべき深刻な事態になっていくことが予測されている。

温室効果ガス削減の議論の中心は炭素予算（カーボンバジェット）

ＩＰＣＣの見解は、「炭素予算」（カーボンバジェット）の概念にもとづいて展開されており、世界の排出削減をめぐる主要なアプローチもこれにもとづいて進められていることを知っておこう。具体的な未来の排出削減に関する複数のシナリオをつくっている「国際エネルギー機関」(ＩＥＡ)の考え方もこれと整合的である。

炭素予算とは、家計の予算と同じような発想で考えれば分かりやすい。一般的に家計は世帯収入をもとに予算のやりくりをしている。子供の教育費や住宅の購入を計画する場合には、今からその将来の大きな支出項目を念頭に置いて、少しずつ消費を節約して貯蓄に回していくであろう。現在の日々必要な支出や将来予想される支出を計算し、毎月あるいは毎年どれだけ支出ができるか予算をたてている。つまり、家計は支出を考えるにあたり、常に、予算制約をある程度意識して消費選択をしているはずである。予想外の臨時支出(例えば、病気や事故による入院・治療費)にも備えて、できるだけ余裕をもって予算制約内に支出を抑えようとする。

炭素予算の場合、まず将来的に、ある特定の世界平均気温の上昇に抑制(例えば、工業化前に比べて1.5℃の上昇に抑制)するシナリオを想定することから始める。それを実現するには、あとどれだけ温室効果ガスの排出が世界でできるのかをもとに、残された「排出可能量」を計算する。その排出可能な量が炭素予算であり、地球が排出(すなわち支出)できる上限を示すことができる。

ＩＰＣＣは前述した「1.5℃特別報告書」の中で、世界の平均気温を今世紀末までに1.5℃の上昇に抑えるためには、２０５０年頃までに年間排出量を正味ゼロまで減らす必要があることを炭素予算の概念を用いて示している。正味ゼロを達成するためには世界全体で毎年どのようなペースで現状と比べて排出量を減らさなければならないかが分かるので、その炭素予算の範囲内に収まるように、各国政府は必要な気候政策を立案する。例えば、第2章で説明するカーボンプライシングや排出規制等を導入し、再生可能エネルギーの供給拡大や電力網・スマートグリッドの整備を進め、電気自動車（ＥＶ）の充電ステーションや水素自動車のステーション等の投資を進めるほか、排出削減に必要な民間の技術革新を促すための研究開発を支援する計画をたてなければならない。

つまり、２０５０年時点で正味ゼロを達成できれば、それより前の時点までたくさん排出してもよいということではない。家計の予算との違いは、同じ予算制約の発想であっても、炭素予算では現在と今後の年間排出量（支出量）だけでなく、過去に遡る累積排出量で見ていかなければならないという違いがある。過去と現在の排出量の合計に、将来見込まれる排出量も加えた累積量で、残された排出可能な量を計算している。

このため1.5℃に世界平均気温の上昇を抑制するために許容される残された排出量を地球全体で使い切ってしまった場合、その温度目標を維持する限り、その到達時点以降はずっと正味ゼ

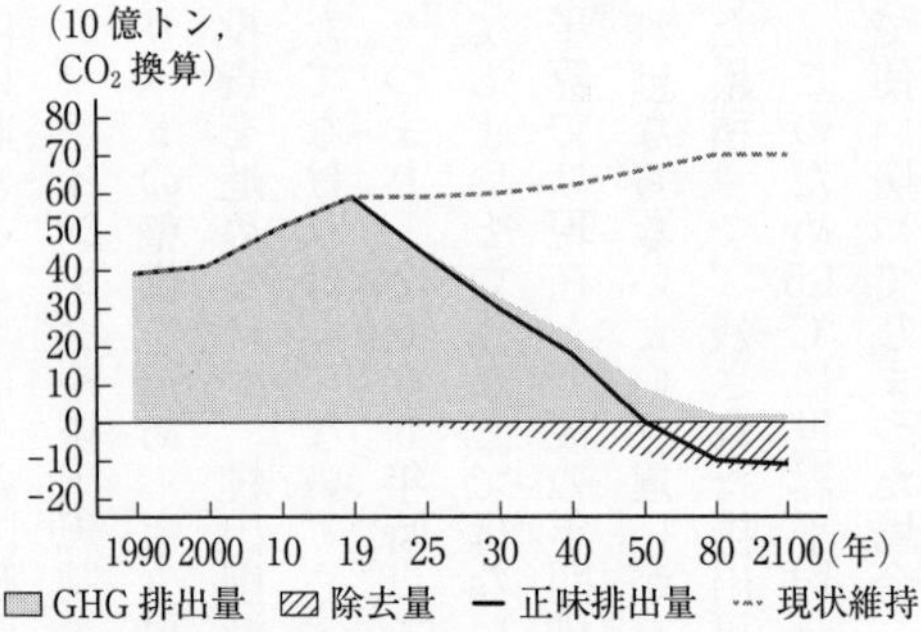

出所：IPCC (2023) 等の資料をもとに筆者作成

図1–4　温室効果ガス(GHG)排出量の実績値, 1.5℃と整合的な排出量, 現状維持の場合の排出量についての概念図

ロを維持しなければならないということになる。炭素予算を使い果たしてもなお排出が増え続けている場合には、できるだけ早く大幅に削減するとともに、大気から温室効果ガスを除去し永続的に貯留する手段を用いて排出量を正味ゼロから「マイナスの排出量」にして超過分を取り戻さなくてはならない。

温室効果ガスの多くが大気に長く滞留するので累積排出量が毎年増加していき、それが温暖化を一段と進行させている。炭素予算はそうした温室効果ガスの特徴があるからこそ、用いることができる考え方である。

図１–４では、２０１９年までの世界の温室効果ガス排出量をCO_2に換算した実績値を示している。実績値と２０２０年頃から２１００年頃までについては、世界平均気温を今世紀末までに1.5℃の上昇に抑制する排出の道筋と整合的な年間の温室効果ガス排出量が灰色の領域で描かれている。あくまでも概念図なので、実際には

上下に振れることが考えられるが、段階的に削減していかなければならない努力がどの程度のペースで必要なのかが分かる。図の太いラインは、この年間排出量から除去量を引いた差、つまり正味排出量を例示している。

参考までに、削減に必要な政策や企業の生産・営業活動が現状維持のままで変わらない状態が続く場合について、年間の温室効果ガス排出量が段階的に増えていく見通しを、図の点線で示している。これはＩＰＣＣが２０２３年に公表した「第６次評価報告書」（ＡＲ６）の中の第三作業部会による報告書が明らかにした推計値を示している。

温室効果ガス排出量の「正味ゼロ」の意味

なお、ここで「正味」（ネット）の意味をもう少し説明しておきたい。２０５０年までに世界の温室効果ガス排出量を「ゼロ」までに減らすことは、現在の技術的な観点から現実的ではないと広く考えられている。そこで、温室効果ガス排出量を完全に削減できない部分については、大気中から「除去」することで相殺して正味ゼロを実現していこうという考え方が世界のコンセンサスとなっている。

除去とは、例えば、技術的に大気から直接的にCO_2を分離・回収する「直接空気回収」（Ｄ

AC）技術で取り除いて、それを適切な場所を探して地下深くに永続的に貯留することが想定されている。廃棄物等を長期間深海に貯蔵する海洋の貯蔵施設も含まれる。この他、森林の再生や植林、マングローブや湿地の回復、持続可能な農業の促進によりCO_2の吸収力を高めることも考えられる。農業では、土壌の質を高めるために、堆肥の使用や、農作物の輪作で土壌の炭素貯蔵を促すことが期待されている。海洋にアルカリ性物質を加えることでアルカリ化し、CO_2を吸収させる手法もある。

ここで言う「除去」という言葉は厳密なもので、企業が実践する二酸化炭素回収・有効利用・貯留（CCUS）や二酸化炭素回収・貯留（CCS）等の技術を使って、工場等で排出されたCO_2を捕捉するプロセスとは異なっている。本書を通じて何度もふれるCCUSやCCSは大気に放出される前にCO_2を回収し、地下深くに貯留あるいは再利用する技術である。除去と言うからには、大気からのCO_2の物理的な除去が行われなければならず、それは産業プロセスで捕捉されたCO_2とは異なる。また、取り除かれたものは永続的に貯留されなければならないと考えられている。

炭素予算は予想以上のペースで減っている

ＩＰＣＣは、前述した現状の評価と必要な気候対策をとりまとめた第6次評価報告書を２０２３年に公表している(IPCC 2023)。世界の排出削減が「遅れている」と指摘しつつ、世界平均気温の上昇を1.5℃以内に抑えるためには、少なくとも２０２５年までに世界の温室効果ガス排出量を減少に転じさせ、２０３０年には(２０１９年と比べて)43％程度削減し、２０３５年には60％減らす必要があると強い警告を発している。１８５０年以降の累積排出量の４割超は直近20年間に集中していることも明らかにした。

最近の炭素予算については、イギリスのエクセター大学のピエール・フリードリングシュタイン教授が率いるグローバル・カーボン・プロジェクトが算定している。２０２３年末に公表された報告書では、人間の活動に由来する排出量について、世界平均気温の上昇を1.5℃に50％の確率で抑えるためには、２０２４年から許容される累積排出量はわずか２７５０億トン(CO_2換算)しか残されていないことを明らかにしている。２０２２年の年間排出量が３７０億トン程度で、ほぼそれと同じ量が２０２３年も排出されたと仮定して推計している。現在の３７０億トン程度の排出が今後も維持されると仮定すれば、1.5℃に抑制するシナリオでは、あと７年程度、およそ２０３０年頃までに炭素予算を使い切ってしまうことになる。この試算によれば、ＩＰＣＣが示した２０５０年よりもずっと早く炭素予算を使い果たす時期が到来するこ

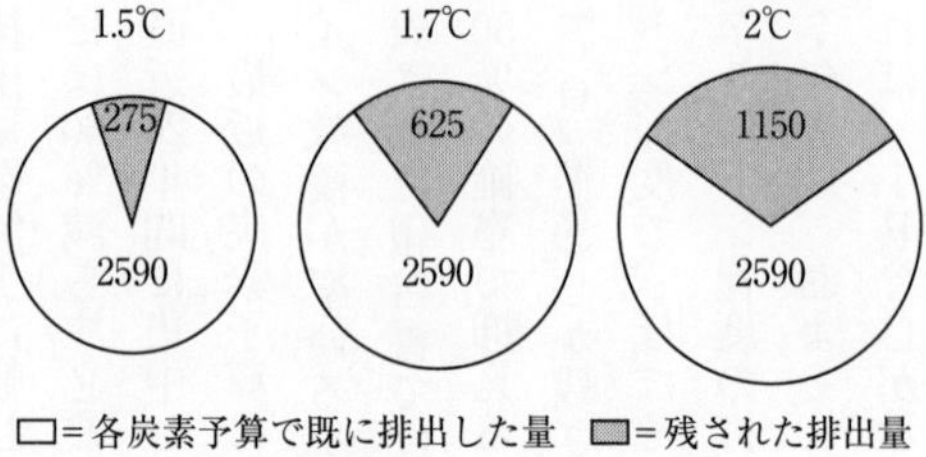

出所：グローバル・カーボン・プロジェクト(2023)

図1–5　世界平均気温の1.5℃，1.7℃，2℃上昇下での世界全体の炭素予算(CO_2換算，10億トン)の推計

となる。

グローバル・カーボン・プロジェクトでは、世界平均気温の上昇を1.7℃と2℃にそれぞれ抑制するシナリオについても、炭素予算を算定している。世界平均気温の上昇を1.7℃に50％の確率で抑えるのに許容される累積排出量は6250億トンと少し増える。それでも現在の排出量を続ければ、あと15年でこの炭素予算も使ってしまうことになる。2℃に抑える場合には許容される排出量は1・15兆トンに増えるが、それでも28年で予算を使ってしまうことになる。

いずれにしても残された排出余地は、予想以上の速さで減っていることは明らかである。それだけ、人間の経済活動による化石燃料の消費が過剰で、世界平均気温の上昇を1.5℃に抑えるためには、排出量が毎年増え続ける現状をできるだけ早くかつ大きく減少させる方向に転換させなければならないことが分かる。図1–5は、グローバル・カーボン・プロジェクトが推計した残された許容可能な温室効果ガス排出量を示している。既に地球では2・59兆トンも排出(支出)しているので、1.5℃の温度上昇に抑制したければ、残された許容される排出量はずっと小さくなっている。

こうして残された排出可能量をもとに、正味ゼロに達するまでの「排出削減の道筋」を描くことができる。図1-6は世界平均気温の上昇を抑制する3つのシナリオ(1.5℃、1.7℃、2℃)それぞれのもとで、排出削減の道筋を描いている。各シナリオでは、正味ゼロを達成すべき時期が異なっているので、それぞれ正味ゼロに到達する年を推計した後に、現在の排出量から正味ゼロまで単純な線形のグラフを描くことができる。1.5℃の場合には、今すぐにでも世界レベルで排出削減に転換し、毎年の排出量を前年よりも大幅に減らしていかなければならない排出削減の道筋が描かれている。

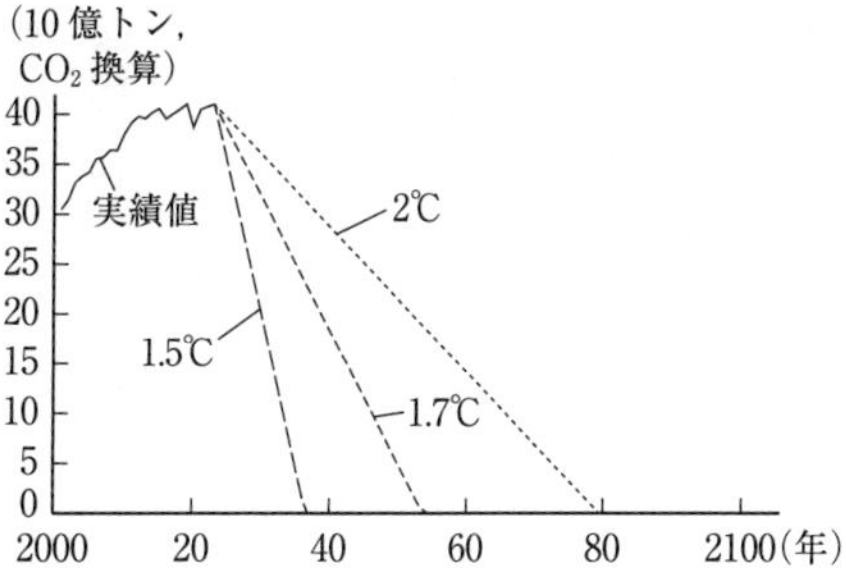

出所:グローバル・カーボン・プロジェクト(2023)

図1-6　炭素予算にもとづく1.5℃, 1.7℃, 2℃のシナリオの下での排出削減の道筋

気候変動は企業にとって世界最大のリスク

以上見てきたように、気候変動は既に深刻な温暖化とそれによる被害をもたらしており、企業のビジネスに深く影

響を及ぼしている。世界の大手企業の多くは、「気候変動・環境リスクへの対応」が最も重要な経営判断になるだろうと強く認識している。企業は生産・営業活動からの温室効果ガスの排出を今から減らしていかないと、予想したよりも早く利益の減少や株価や企業の市場価値の低下に直面したり、資金調達の費用が引き上げられる可能性があることを感じ取っている。この認識を世界の大手企業が共有しているからこそ、日本を含め率先してネットゼロを宣言する企業が増えている。

毎年1月に世界の大手企業経営者、政策担当者や政治家、専門家が集まるダボス会議を主催する世界経済フォーラムが発表した「グローバルリスク報告書2024年」からも、このことが確認できる。報告書では、主要なリスクを、現在、2年後、10年後の3つの時間軸に分けて調査した結果を公表している。「グローバルリスク」とは、もし発生すれば、世界のGDP、人口、または自然資源の大部分に対して明確にマイナスの影響を及ぼす可能性がある出来事や状況の発生可能性、と定義している。

調査結果から、温暖化による「極端な気象」リスクが、現在と10年後について世界的な危機をもたらす可能性が最も高い(1番目の)リスクとして、2年後については2番目のリスクとして、それぞれ上位に挙がっていることが明らかにされている。

実際、気候変動による極端な気象現象が世界の至るところで増えており、災害の規模が大きくなり繰り返されている地域では、先進国でも損害保険サービスを停止する民間会社が確認され始めている。このことは企業や個人は、保険で極端な事象による損害の可能性をヘッジできなくなる可能性を意味している。そうなると、企業や個人は自分の家屋や資産を破壊されたとしても、自力で再建しなければならず、その道のりはずっと厳しくなる。

企業の格付けや資金調達にも影響を及ぼす時代へ：三大格付け会社の警告

いずれ世界の金融・証券市場にも、気候変動の影響が広がっていき、銀行をはじめとする金融機関は、気候変動・環境リスクが投融資先の信用にも影響を与え始めることに備える必要がある。世界の大手銀行の中には、環境対応をする企業に融資する場合に金利を下げるサービスを始めて、少しずつ対応しているところも多い。日本のように低金利の国であれば多少の金利に差をつけても大した違いはないが、２０２１年以降にインフレ対策のために金利が大きく引き上げられた大半の国ではそうした影響は大きくなる。

気候変動をはじめとする環境リスクは、企業の利益の変動を激化させることで債務返済を難しくして信用リスクを高め、しだいに信用格付けにも影響を及ぼすようになるであろう。

既に世界三大格付け会社(S&Pグローバル・レーティング、ムーディーズ・レーティングス、フィッチ・レーティングス)は、将来的に気候変動リスクが企業の格付けに反映されるようになり、排出の多い企業の債券は格下げに直面することで資金調達費用がその分高くなってしまう可能性を警告し始めている。

格付け会社は、一般的には、企業の過去の債務返済に関する膨大なデータ等をもとに比較的短期の信用リスクや債務不履行リスクを評価して、企業に格付けを付与している。しかし、将来的にはそうした短期的視点で格付けを付与するだけでは、信用リスクを十分把握できなくなりそうだ。2030年や2050年といった従来とは違う長期の時間軸で、気候変動リスクが企業の債務返済能力に与える影響を分析し、それを格付けに織り込んでいく時代がすぐ近くまで来ていることを知っておいたほうがよい。

S&Pグローバルは、2050年までに「世界が円滑に正味ゼロに向けて温室効果ガスの削減が進んでいくシナリオ」が実現すると想定して、米国の主要セクターを代表する500社(S&P500種指数の構成銘柄)について、40以上のセクター別に企業分析を行っている(S&P Global 2023)。このシナリオの下で、どの程度の企業が今から2050年までに格下げに直面する可能性があるかを試算した結果、40以上のセクターほぼ全てにおいて、格下げに直面する企業が出現することを示している。中でも、生活必需品はほぼ100%、電力、輸送、保険では70%程度が格下げされる可能性が高いことを明らかにしている。排出削減で遅れをとる企業を中心に格下げがなされ、資金調達により多くの費用を払わなければならなくなると見込まれている。

さらに、もうひとつの望ましくないシナリオ、つまり世界で円滑な排出削減が進まず、必要な政策や企業の対応が先送りされることで、その遅れを取り戻すために後で大胆な削減を余儀なくされる「無秩序に脱炭素に向けて移行するシナリオ」についても格付けへの影響を試算している。ここでは、とくに電力と石油・ガスのセクターが最も深刻な格下げに直面するとし、格下げされる可能性がある割合を2%から20%さらに引き上げている。

フィッチは、石油・ガスの生産とパイプラインや自動車等のセクターを含めて、世界の企業の2割ほどが気候変動リスクに直面していること、そして2035年までにこれらのセクターの企業の格付けが引き下げられる可能性があると指摘している(Fitch Ratings 2023)。

同様に、ムーディーズは、環境に関する企業の信用リスク、つまり借りた資金を延滞したり、返済できなくなるリスクが高くなってきていること、中でも石油・ガス、自動車、公益事業・電力等の排出の多いセクターが、格下げの対象となりやすいことを明らかにしている(Moody's

2022)。

つまり、排出の多いセクターの企業は、世界が低炭素経済へ移行するために各国が必要な気候政策を実践していく過程において「移行リスク」に直面すると同時に、温暖化が進むことによる「物理的なリスク」も顕在化することで、企業の財務が悪化し、信用力が低下していく恐れがあるということを三大格付け会社が指摘しているのである。移行リスクと物理的リスクについては第2章で、詳しく説明する。

気候変動リスクが格付けに十分反映されていない理由

現時点では、三大格付け会社の分析はあくまでも注意を促す程度にとどまっており、気候変動等の環境リスクはあまり格付けには反映されていない。それもあって企業の警戒感はまだあまり高まっていない。気候変動リスクが十分格付けに反映されていない理由は、いくつか考えられる。各国政府がまだ必要な気候政策を本格的に導入していないために、移行リスクがいつどのように高まっていくのかを予測しにくいことが大きい。加えて、気候変動の極端な事象や自然災害も顕在化しており、これからもっと顕在化することが分かっていても、過去のデータを使って将来の信用リスクの予測を立てるのが難しいこともある。しかも企業の排出量データの開示が不十分であり、測定手法の開発も途上である。このため、気候変動がどのように信用リスクに関連するのかは極端な事象については局所的には明らかになりつつあるが、まだ全体として十分具体的で予測可能な影響を捉えきれていないことが挙げられる。

しかし警告を無視していると、十分な備えがない間に、各国の政策や皆の意識が変わってある日突然、気候変動リスクが格付けに反映され始めることは十分ありうる。格下げされれば、企業にとって債券発行や銀行からの借り入れでより多くの利息を支払わないと資金調達が難しくなる。そうした企業の社債や株式に投資する投資家は損失を被る可能性もありうるので、投融資が手控えられてしまう。

将来的には、自己資本比率規制など厳しい金融規制下にある銀行は、そうした起こりうる損失に備えてもっと自己資本等のバッファーを積み増す必要が出てくるであろう(Shirai 2023a)。そうした議論は、世界の大手銀行の自己資本規制等を決める「バーゼル銀行監督委員会」(ＢＣＢＳ)や欧州の金融当局の間では既に盛んに行われている。２０２３年末にＢＣＢＳは各国の監督当局が銀行の気候変動リスクを把握するためのテンプレートを考案しており、近い将来各国当局が監督下の銀行に対してそれに関連する情報開示を進めていくことになりそうだ。銀行の投融資行動が気候変動リスクの観点から監督・評価される時代になると、銀行から投融資を受ける企業も間接的に評価されることになることは今から想定しておくのがよい。

つまり、銀行や投資家は、気候変動が企業の経済活動や財務、あるいは個人の住宅等の不動産資産価値にどのような影響を及ぼすのかもっと注意を払って評価する時代が近づいてきている。例えば、工場や家屋のある場所が大洪水や水不足といった気候変動の影響を受けやすい地域に立地しているのか、そうしたところに投融資が集中し過ぎていないか、気象の変化による自然災害で投融資先の返済が難しくなった場合に備えてリスク管理をして、十分な引当金や自己資本の備えがあるのかという点に、今後もっと注目が集まるようになるであろう。株価や不動産価格や調達費用にそうしたリスクが織り込まれ、リスクを抱える金融機関が各地で増えていけば、国の経済成長にも重石となって影響を及ぼすであろう。

また、工場や営業所の立地を選択する際には、企業は世界レベルで考えていかなければならない。気候変動リスクは世界全体で高まっているが、その影響の大きさや種類はさまざまである。このため、進出先の各国・地域の情報はしっかり把握しておくべきであろう。加えて、途上国・新興国では財政難で格付けが低い国も多いので総じて資金調達が難しく、十分な災害予防措置がとられていない。このため経済が脆弱で温暖化がもたらす極端な事象に対して損失・損害が大きくなりやすい。こうした国では損害保険サービスが少なく、保険に入る余裕がない企業や個人が多いことが、気候変動からの負担を一段と重くしている。

つい忘れがちだが、日本も台風、集中豪雨、沿岸地域の洪水や津波、猛暑にさらされやすくなっており、毎年大きな損失や損害が発生している。災害が一過性のものではなくなってきている事実に目を向けなければならない。

つまり、なぜ、企業は気候変動に注意を払うべきなのかと言えば、気候変動が企業の生産・営業拠点、従業員、コミュニティ、そしてサプライヤーにも混乱や打撃を及ぼし、ビジネスに直接・間接的に影響を与えつつあるからだ。ビジネスが今後も長く持続していくためには、気候変動への対応力を高めていくことが欠かせないのである。

ビジネスと環境対応は両立ができる

もうひとつ企業経営者がすぐにでも取り組まなければならないのが、事業活動で化石燃料を大量使用することで排出される温室効果ガスの削減である。日本をはじめ世界の大半の国が２０５０年までに排出量を正味ゼロへ減らすことを公約しているが、その削減の多くを実現するのは企業である。温暖化の速度が加速していることから、各国の正味ゼロ目標に合わせて企業も野心的な削減目標を設定し、自社の経営を環境に配慮したものに変えていくことが早急に求められている。

世界の大企業は自社の生産・営業拠点を通じて直接的に、サプライヤーを通じて間接的に気候変動対応のために排出削減をしていかなければならないことを理解し始めている。世界各地で温室効果ガスの排出を抑制するための規制や政策がしだいに実行に移されつつあること、国内外の投資家や大手企業からの要請もあり、中小企業を含めて企業は温室効果ガスを削減する責任に向き合わなければならなくなっている。

気候変動は、大きな潜在的リスクとなってきているが、第2章でも指摘しているように「機会」をもたらす面もあることを理解しておこう。気候変動等の環境的な課題に対してソリューションとなるような商品・サービスを開発することで、長期的にも稼ぐ力を維持できるように企業は戦略をたてることが大事である。

企業が環境にプラスのインパクトのある製品やサービスを開発・提供して利益を出していくことで、企業価値が高まる状況が見られ始めている。実際に、世界では、とくに米国、欧州、中国において企業の排出削減や脱炭素・低炭素化に貢献する技術、あるいは消費者の排出削減を促す技術等で、スタートアップ企業がたくさん生まれている。中には、衛星画像、ＡＩ（人工知能）、ブロックチェーン等の技術を駆使したビジネスモデルを展開する企業も多い。

気候変動等の環境的な課題は、企業にとってビジネス機会であると捉え直すことが、イノベーションを生む原動力となっていくであろう。企業が排出削減をするために生産方法を見直し、排出削減に向けてサプライヤーとの話し合いを深めていくと、バリューチェーン全体で資源やエネルギーの効率を高めることにつながっていく。それが、当該企業だけでなく、多くの子会社や関連会社、およびサプライヤー等の排出削減と開示による透明性を高め、新しい商機を生むきっかけとなりうる。

環境対応を促す非営利組織や市民団体、投資家、サプライヤー、顧客・従業員等が先進国や途上国・新興国を問わず世界的に増えている。こうしたステークホルダーの期待に応えていくためにも、企業は経営の在り方を見直してみることが求められている。

気候変動対応は、評判・名声に影響を及ぼすことを通じて、企業価値の重要な一翼を担うようになっていることを知っておきたい。現在、世界では、気候変動を含む環境関連の訴訟が増えている(第4章を参照)。欧州や豪州の規制当局は、企業が十分な根拠もなく「環境にやさしい」「エコ」といった言葉を使って宣伝することに厳しい目を向け始めている。そうした世界の動きを捉えてマーケティング戦略や情報開示をしていくことが、結果として、ビジネスの運営費用を低下させ、利益改善につながると考えられる。

世界を見渡すと、温室効果ガスやそのほかの環境データ(例えば、エネルギーや水の使用量、廃棄物処理等)を開示し、それらの削減目標を掲げて実践している企業は、自社の商品・サービスへの需要が拡大していくことも見込まれ、投資家にも選ばれやすくなっている。欧州や若者を中心に、環境に配慮して生産された商品・サービスを選択する消費者が増えている。

企業に経営改革を迫る2つのタイプの株主

日本では、株式市場の活性化を目指して、2023年から金融庁と東京証券取引所による上場企業への積極的な働きかけが進んでいる。企業の稼ぐ力を米国並みに引き上げるために企業の経営改革を目指して、2015年にコーポレートガバナンス・コードを導入し、その後も段階的にコードの内容を厳しくしている。企業の稼ぐ力は改善しているが、米国企業に比べて十分改善したとまでは言えない状況が続いてきた。例えば、稼ぐ力を示す自己資本利益率(ROE)については投資家が最低利回りと見なす8%程度に達していない企業や、株主の評価を示す株価純資産倍率(PBR)についても企業の解散価値である1倍を下回る企業が恒常的に多く存在していた。

そこでこうした企業の経営者にもっと稼ぐ力を高め、株主還元への意識を高めてもらうために、２０２３年3月に金融庁と東京証券取引所は、ＲＯＥやＰＢＲといった指標の改善を目指して、現状評価、今後の方針や目標、具体的な取り組みや実施時期等の開示を促している。開示は毎年行うことが期待されており、企業は株主の評価を上げるために、配当性向や自社株買いを一段と進める可能性もある。

そうした企業行動は、世界のトレンドとも整合的であるが、それらの指標を改善しようとするあまり短期的な目線になることは避けなければならない。今後世界で起きうる長期的課題にも今から目配りして対応していかないと、稼ぐ力や株主の評価が長くは続かない可能性があるからだ。そうした重要な課題のひとつが環境である。

つまり、企業価値の向上にあたり、足元での企業利益の最大化や株価の最大化を目指すだけでなく、もっと中長期的にビジネスを持続できるようにしていくのが経営者の使命でもある。ちなみに、第2章でもふれる環境的な観点で世界的なリーダーシップを発揮するアップルは、時価総額約５１９兆円、ＲＯＥは約１７０％、ＰＢＲも約43倍と非常に好成績を記録している。

環境には、気候変動、生物多様性、サーキュラー経済、汚染、水の管理等、たくさんのテーマが含まれるが、これらは相互に関係している。なかでも企業に対する働きかけや関連する情報開示の枠組みが最も進んでいるのが気候変動である。

第1章のポイント　気候変動は企業にとって世界最大のグローバルリスク

●2015年にパリで開催されたCOPでは、世界の大半の国が重要な共通目標に合意した。いわゆるパリ協定では、世界の平均気温上昇を(今世紀末までに工業化前と比べて)「2℃より十分低く保ち、1.5℃に抑える努力をする」という世界共通の目標が掲げられている。

●これに関連して、世界の気候科学者が集まるIPCCが、2018年に「1.5℃特別報告書」を発表し、世界に大きな衝撃を与えた。ここでは、世界平均気温上昇を1.5℃に抑制するためには、2050年頃までに温室効果ガス排出量の正味ゼロを実現する必要があることを科学的に示している。この影響もあって、1.5℃に抑制するには、2050年頃までに温室効果ガスを正味ゼロまで減らす必要があるとのコンセンサスが世界で共有されている。各国は「国が決定する貢献」(NDC)として2030年目標を国連に提出しているが、同時に2050年までに正味ゼロを実現すると宣言した国も多い。

●世界における排出削減の議論は、炭素予算（カーボンバジェット）の考えをもとに展開されている。1.5℃の上昇に抑えるためには、多くの国は2050年頃までに年間排出量を正味ゼロまで減らす必要がある。正味ゼロを達成するためには世界全体であとどれだけ、どのようなペースでいつまでに減らさなければならないのか、排出削減の道筋を簡略的に描くことができる。排出上限の範囲内に収まるように、各国は必要な気候政策を導入し、排出削減に必要な技術革新を促すための研究開発を支援する計画をたてることが求められている。

●正味ゼロの意味は、2050年時点で正味ゼロを達成できれば、それより前の時点までたくさん排出してよいということではない。炭素予算は累積排出量で考えられている。過去と現在の排出量の合計に、将来見込まれる排出量も加えた累積量で、残された排出可能な量が計算されている。現在の排出が増え続けていれば、残された可能な排出許容量はその分だけ減ることになる。

●残された許容排出量を地球全体で使ってしまった場合、1.5℃目標を維持する限り、その到達時点以降はずっと正味ゼロを維持しなければならないことになる。あるいは炭素予算を使い果たしてもなお排出が続く場合、できるだけ早く削減に転じ、かつ大気からＣＯ$_2$を除去する手段を使って排出量を正味ゼロから「マイナスの排出量」に変えて超過分を取り戻さなくてはならない。これは大変困難なので、早く削減に向けた努力をもっとすべきだと科学者たちは呼びかけている。

●「正味」とは、排出量から除去量を差し引いた差である。世界の温室効果ガス排出量を「ゼロ」へ減らすのは、技術的な観点から現実的ではない。そこで技術的に完全に削減できない部分については、「除去」することで正味ゼロを実現するという意味である。除去とは、ＤＡＣ技術を使ってＣＯ$_2$を大気中から吸収してそれを適切な場所を探して地下深くに永続的に貯留することや、森林の再生・植林によってＣＯ$_2$の吸収力を増やすこと等が考えられる。

●ＩＰＣＣの「1.5℃特別報告書」が炭素予算の概念を示して以来、世界は予想以上の速さで炭素予算を使い果たしつつある。最近の分析では、1.5℃に抑制するシナリオでは現在の温室効果ガス排出量を今後も続けると、あと7年程度で炭素予算を使い切ってしまうと指摘している。２０２３年と２０２４年入り後も、世界平均気温上昇は工業化前と比べて1.5℃に達しており、観測史上最高気温となっている。これが長く続いてしまうと、1.5℃目標の実現可能性の是非について議論を始めなくてはならなくなる。

●世界の大手企業は、気候変動やそれに伴う極端な気象の変化を、最大のグローバルリスクととらえている。温室効果ガスの削減は、企業にとって費用がかかるが、同時に機会ももたらしている。早く行動すれば、機会が増える可能性もある。気候変動対応のために各国政府の政策が変わりつつあるが、温暖化の影響が顕在化してきているため今後もっと対応が加速するであろう。投資家や取引企業からの要請も高まっており、大企業は既に削減行動を始めている。大企業だけでなく、中小企業を含む全ての企業に温室効果ガス削減の責任がある。排出量データや削減目標に向けた進展度を開示し、世界各国の政策や規制の方向性をしっかり見据えて、気候変動が企業の事業モデルに与える影響も考慮した、中・長期的な視点での戦略的なアプローチが必要になっている。

第2章

環境へのソリューションが企業の未来を決める

環境問題、とくに気候変動に対する企業の取り組みは、急速に変化している。多くの企業はこれまで「社会的責任」として、一部の利益を環境保護や緑化やコミュニティに還元して社会貢献を果たしてきた。こうした考え方は現在でも根強く、企業の評判を高めるためにも多くの経営者が共有しているであろう。しかし、世界の主要企業の経営者は、気候変動を最大の「グローバルリスク」と認識し、従来の社会的責任の発想だけでは今後の企業経営が成り立たなくなるかもしれないと危機感を抱き始めている。

現在のビジネスモデルが利益を生み出していても、そのビジネスモデルが環境への負荷をかけていないかを把握する必要がある。自社の生産・営業活動だけでなく、サプライヤーやユーザーを通じて温暖化を加速させることにつながっていないか確認することが求められている。温室効果ガスの排出量を減らすために削減目標を設定し、具体的な対策を実施することが不可欠である。規制強化や開示法制化の動きが世界でしだいに進展していく中で、環境への積極的な取り組みがビジネス成功の鍵となっていくであろう。

日本企業は世界で生産・営業拠点を増やし、新たな市場や顧客を開拓することに努めているが、今後重要になるのは、進出先の国や世界の潮流を見極めることだ。世界の潮流を見誤り対応が遅れると、顧客を突然失ったり、批判や訴訟が増えて評判を落とし、その挽回に多大な時間と経費がかかるかもしれない。第2章では、気候変動・環境課題に対する企業の戦略的アプローチについて重要なポイントを解説する。

ビジネスで知っておくべき国際的な排出削減に関する取り決め

気候変動に対する世界の国際機関、欧州の政策、大企業、シンクタンクや市民団体の動きは早く、日々新たなイニシアティブが展開されて、そのスピードには驚かされる。中でも、日本を含めて企業のビジネスに影響を及ぼしうる最近の動きとして、次の3点を挙げたい。

第一に、2015年に195か国が集まった国連気候変動枠組条約の第21回締約国会議（通称、COP21）で採択されたパリ協定は、2016年に発効したが、この国際的な合意の実効性が各国にとってますます課題となっていることである。第1章でもふれているが、このパリ協定では、世界平均気温上昇を今世紀末までに工業化前と比べて「2℃より十分低く保ち、1.5℃に抑える努力をする」との目標で、世界のほぼ全ての国が合意している。

COPは毎年開催されているが、2023年末にアラブ首長国連邦（UAE）のドバイで開催された第28回締約国会議（COP28）においては、新たな目標で進展があった。注目すべきは、世界平均気温を1.5℃の上昇に抑えるためには化石燃料からの脱却が必要だとして、「2030

年までに再生可能エネルギー容量を世界全体で3倍へ拡大すること」、「エネルギー効率の改善を世界平均で倍増すること」といった目標で合意したことにある。さらに、「排出削減が困難なセクター」では、再生可能エネルギー、原子力、二酸化炭素回収・有効利用・貯留(CCUS)、二酸化炭素回収・貯留(CCS)、低炭素な水素の製造を含む技術開発を加速させることである。各国はこの公約に沿って具体的な行動を急ぐ義務があり、実行力が問われている。排出削減が困難なセクターは、鉄鋼、セメント、ガラス・化学、肥料、長距離輸送のように、現時点では排出削減技術が十分確立していないか、多大な費用がかかり商業化が難しい部門を指している(第5章を参照)。

なおここで指摘しているCCUSやCCSは、第1章でもふれたように二酸化炭素(CO_2)の「除去」でなく、CO_2の「捕捉」である。これに対して、除去は直接空気回収(DAC)技術のように大気からCO_2を取り除きほぼ永続的に貯留するプロセスを指している。CCUSやCCSでは、石炭火力発電所や工場等のCO_2濃度の高い場所で、例えば、煙突や煙道から大気中に排出される前にCO_2を捕捉して地下に貯留するか、捕捉したCO_2を肥料、化粧品、飲料、合成燃料等に利用する。こうしたプロセスでは大気中のCO_2を減らすことにならないため、除去とは言えないが、排出削減が困難なセクターを中心に今後企業が多く活用していくことが期待されている。

各国政府はこうした合意を実現に移すために、段階的に野心的な気候政策を導入し、再生可能エネルギーの供給を大幅に増やし、削減技術の開発に取り組むことが必要になる。過去に排出された温室効果ガスの累積量の多くが先進国の工業化が原因であることから、日本をはじめとする先進国が率先して取り組み、途上国への技術・資金支援をしていくことも求められている。

ビジネスで知っておくべきカーボンプライシングの広がり

第二に、化石燃料の使用を抑制するために、使用にかかる費用を高めるカーボンプライシングの導入や拡充は世界的に広がっている。

カーボンプライシングは、大きく分けると「炭素税」と「排出量取引制度」がある。この目的は、化石燃料の使用が大量の温室効果ガスを排出し、環境負荷や社会的費用をもたらしているので、そうした費用をできるだけ炭素価格に織り込むために引き上げようというものである。それにより、再生可能エネルギーの相対価格が低下するので、産業や経済のエネルギー需要が温室効果ガス排出量の少ないものへと転換していくことを促しやすい。

炭素税はCO_2排出量1トン当たりの単位に対して課税をするが、この税額を炭素価格と見なせる。化石燃料を使ってCO_2を排出する量が多い企業ほど多くの税金を支払わなければならないので、明確に炭素価格を引き上げることができる。アジアではシンガポールが2019年に導入した税制が有名である。2023年までの5年間はCO_2換算1トン当たり5シンガポールドル(580円程度)だったが、2024年からの2年間は25シンガポールドル(2900円程度)へ引き上げた。ちなみに日本にも炭素税に相当する温帯税があるが、税負担額は1トン当たり289円である。世界銀行のカーボンプライシング・ダッシュボードで世界の炭素税を導入する地域・国・地方自治体を確認することができるが、現在、世界で37件ある。

一方、排出量取引制度は、温室効果ガス排出量の多い産業全体に対して排出上限を設定し、企業や企業の施設に排出権を配分する仕組みである。削減努力により排出権が余った企業は、不足する企業と余剰排出権の取引ができる「キャップ・アンド・トレード方式」が多い。この排出権の取引価格を炭素価格と見なせる。排出上限は段階的に減らしていくので、炭素価格はしだいに上昇していくと見込まれる。企業は余った排出権の売却収入が得られるので、排出削減意欲が高まりやすい。また排出権の取引市場ができるので、新たな金融商品が生まれて経済の活性化につながるとの見方もある。課題は、実際の運用では排出権の需給で炭素価格が決まるが、需要は景気等の影響も受けるため炭素価格の変動が大きくなってしまうことだ。炭素税のように明確に炭素価格を引き上げる価格シグナルとして機能しにくいため、排出権の配分量を柔軟に調整したり、価格の下限を設定するなど複雑な仕組みが必要になる(白井 2022a)。

排出量取引制度は2005年に欧州連合(EU)が導入し、少しずつ制度改革を進め、無償配分から有償配分に転換している(第4章を参照)。世界銀行によれば、排出量取引制度を採用する地域・国・地方自治体は36件ある。インドネシア、韓国、中国、豪州、米国ではカリフォルニア州に加えて、北東部の11州が共同で実践している。

日本では、東京都と埼玉県が導入している。2022年に日本政府は企業が自主的に参加して排出権取引を行う排出量取引制度(GX-ETS)を導入し、2023年度から3年間は試行段階にある(第4章を参照)。世界では排出の多い産業を対象に一定以上の規模の施設をもつ企業に対して参加を義務づける規制として運用されているが、GX-ETSは様々な業種の企業が自主的に参加する仕組みである。企業は自主的に(日本政府の2030年までに2013年度比46%削減目標と整合的に)排出削減目標を設定し、その目標を超過した部分がクレジットとしてその企業に与えられ、目標が未達で削減不足分を埋め合わせたい企業と取引できる仕組みである。未達の企業は、政府が認証するJ-クレジットを購入して埋め合わせることもできる。

J―クレジットは、再生可能エネルギーの導入や省エネのプロジェクトによって削減したCO_2排出量や森林管理プロジェクトによるCO_2の吸収量等について、クレジットとして認定したものである。

ビジネスで知っておくべき気候関連情報開示の義務化の流れ

3つ目に重要な世界の潮流は、企業の気候関連情報開示の義務化に向けた動きが、世界レベルで進みつつあることだ。大手企業は、事業活動からの温室効果ガス排出量データを時系列で開示すると同時に、削減目標を設定しその目標に向けた進展度を示す必要がある(第3章を参照)。

自社の事業活動だけでなく、サプライヤーやユーザーの排出量も推計して開示することが求められている。企業は、一般的に、有価証券報告書で財務情報(売上高、キャッシュフロー、利益等)を公表しているが、近年、それに加えて非財務情報の開示が世界の投資家、非営利組織や市民団体から求められるようになっている。

非財務情報とは、E(環境)、S(社会)、G(ガバナンス)に関する情報で、サステナビリティ関連の情報とも言える。このうち、世界で情報開示の標準化が最も進むのがE(環境)であり、なかでも気候関連の情報開示が重視されている。

企業が理解しておくとよいのは、情報開示の標準化を目指した世界的な開示規制の動きである。国際会計基準を策定する民間非営利組織のＩＦＲＳ財団が、日本をはじめ世界の多くの国や投資家の賛同を得て国際サステナビリティ基準審議会（ＩＳＳＢ）を設立した。ＩＳＳＢは２０２３年６月に、広範囲なサステナビリティ関連の開示基準の雛形とともに、気候関連の情報開示基準を発表したことが重要な転換点となっている。それまでは複数の民間団体が策定する開示基準が乱立し、企業が自由にそれらの基準を採用しているため企業間の比較が難しいという批判が高まっていた。国によっても推奨する開示基準が異なるという問題も起きていた。

そこで、主要ないくつかの基準を統合して、ＩＳＳＢが気候関連の情報開示基準を作成したのである。同開示基準は「証券監督者国際機構」（ＩＯＳＣＯ）をはじめ、主要な世界的金融規制関連団体から公式な賛同を得ている。とくにＩＯＳＣＯは２４０程度の世界の主要な証券規制当局等がメンバーとして名を連ねているため、ＩＳＳＢの開示基準はこうした諸国で採用の義務化が進んでいくことが期待されている。日本でも東京証券取引所のプライム市場を中心に有価証券報告書において、ＩＳＳＢ基準の大半の開示が義務化されていく見込みである。

ＩＳＳＢの開示基準は、大企業の上場企業から段階的に適用することが期待されている。ただし上場企業でも新興のテクノロジー企業に対しては同基準の完全適用をする必要がないとの見方も示している。しかしそうした企業や上場していない中小企業でも開示は他人事ではなく、間接的に開示が要請されるようになると考えたほうがよい。大企業はサプライヤーの排出量も開示することが義務化されるので、大企業と関わる中小企業も間接的に開示が求められていくことになるからだ。

ＩＳＳＢは、気候変動の次のテーマとして、生物多様性や人的資本に関して情報開示基準を策定していく考えである。２０２４年から議論を始め、2年程度かけて開示基準を公表すると見込まれる。本書では、計測方法がある程度確立している気候変動を中心に話を進めているが、近年では生物多様性や自然資源の保全についても重視されつつある。気候変動が森林伐採や森林劣化等を通じて生物多様性の減少や生態系の破壊にもつながっている。生物多様性は自然資源に関係しているが、この自然資源が急速に減少し始めることで、さまざまな問題が引き起こされている(白井 2022b)。

気候変動の場合には、温室効果ガスをCO_2に換算したトン単位で測る共通尺度があるが、生物多様性や自然資源の場合にはそうした共通の単位がない。このため測定に難しさもあるため、標準化に向けてさらに議論が深まる必要がある。まずは気候変動の開示を優先的に進めていくことになるが、そこで終わるわけではないことを覚えておこう。

もうひとつ日本企業が知っておいたほうがよいのが、EUの動きである。世界の温室効果ガス排出量のわずか8%を占めるだけのEUだが、世界で削減を最も野心的に進めている。EUが策定する数多くの開示規制や政策が、世界で参照されており、事実上のグローバルスタンダードになっているからだ。この点は、改めて第4章でふれることにする。

企業経営に影響を及ぼす気候変動リスク：3つのタイプ

気候変動がビジネスにとって大きなリスクとなりつつあることを説明してきたが、ここで気候変動のリスクについて世界共通の考え方を説明しておこう。

気候変動が及ぼすリスクは、「物理的リスク」と「移行リスク」に大別されている。これらのリスクのなかに「訴訟・責任リスク」を含めることも多いが、あえて3つ目のリスクとして分類することもある。

物理的リスクは、「急性」または「慢性」に分類できる。急性の物理的リスクは、気候変動に関連する極端な事象によって引き起こされるもので、極端なサイクロン・ハリケーン・台風、大洪水・集中豪雨、山火事等が含まれている。一方、慢性の物理的リスクは、気候変動の長期的な変化によって引き起こされるもので、地球温暖化をはじめ、海水の温度上昇や海面上昇、頻発する熱波、変化する降雨パターンが含まれる。

こうした物理的リスクが企業に及ぼす影響としては、工場や建物等の固定資産の損害・破壊、サプライチェーンの混乱、原材料の調達難や価格の高騰、従業員の労働生産性の低下等が考えられる。とりわけ農業・畜産業やレジャー・観光等の産業は物理的な気候リスクに脆弱で、食料・家畜生産の変動が激しくなったり食料・原材料不足に陥ったり、リゾートが運営できなくなって収入が減少することが既に世界中で起きている。

移行リスクは、気候変動に対処するために導入されるカーボンプライシングやその他の規制強化によって温室効果ガス排出量の多い事業の生産コストが増加し、売上高や利益が減少することから生じる。また移行リスクは、技術の変化や消費者、投資家の選好がより環境に配慮したものへと変わることから生じると考えられている。例えば、低炭素な技術やエネルギー効率を改善する技術の開発が進めば経済の低炭素化が加速するが、それにより石炭火力発電所を運営する企業は競争力を失う。温室効果ガス排出量の多い資産を持つ企業は、カーボンプライシングにより採算がとれなくなって投資資金が回収できないまま資産価値が低下する、いわゆる「座礁資産」化のリスクを意識しておくべきである。消費者がより低炭素な商品・サービスを選択したり、排出の多い企業への投融資を減らす投資家が増えると、企業と産業の新陳代謝が進むが、その過程で勝者と敗者が生まれることが想定される。

訴訟・責任リスクは、物理的リスクと移行リスクとも関係する。とくに、低炭素経済への移行過程において法規制が強化される中で、それに違反する場合に発生することが多い(第4章を参照)。また、排出の多い企業は、温暖化によって打撃を受ける市民や企業から起こされる訴訟の対象になる事例も増えている。適切な対応をしなかった政府が訴訟の対象になることもある。また、企業が脱炭素・低炭素化を進めていると宣伝しつつも、実態が大きく異なっている場合も、虚偽の情報開示として訴訟の対象になることも起きている。こうした誇大広告や虚偽の情報開示等をする行為は、「グリーン・ウォッシング」と呼ばれている。このような行為に歯止めをかけないと、努力している企業が報われないため、排出削減を進めていくことはできない。根拠のない宣伝に規制をかける動きが、欧州や豪州を中心に世界で始まっている。訴訟対象になれば、企業は評判・名声を落とし、訴訟により罰金を払うことになる可能性が高まる。

「グリーン・ウォッシング」の行為を減らしていくには、企業の情報開示を任意ではなく、法律で義務づけ、かつ第三者保証を義務づけることが望ましいとされている。

ビジネスの環境持続性を高めるために何から始めたらよいのか

気候変動に対して企業がなすべきことは、明確である。まずは前述した3つの気候変動リスクそれぞれが自社のビジネスにどのような具体的な損失や資産価値の減少をもたらしうるのか検討することである。そして、想定しうる大きなリスクを洗い出した後、それへの対応力をどう高めていくかを考えることである。

セクターによって企業が直面する3つのリスクの相対的な大きさは異なるであろう。例えば、食品・飲料業界では新興国・途上国からの原材料の調達が多く、これらは気候変動の影響を受けやすいので大きな物理的リスクに直面している。電力、自動車、鉄鋼・セメント・肥料といった業界では、温室効果ガス排出量が多いので気候政策の強化にともない大幅に排出削減できる生産方法や商品・サービスの提供へと転換していく必要があるため、移行リスクが大きいとみられている。また、CO_2等を大量に排出しているセクターや森林破壊につながる原材料を使って商品を生産している企業は、訴訟の対象になって評判・名声等が低下するリスクも考えられる。

今からできるだけ排出の少ない生産方法に切り替えていく、あるいは適切に森林管理を行っているプランテーションで栽培された原材料を購入するといった対応をとっていくことを始めたほうがよい。上場企業であれば、既に実践している日本企業も多い。

排出量の少ない商品・サービスは、現在は販売価格が高かったとしても、将来もっと新しい顧客や市場を開拓できれば規模の経済性が働いて価格が低下することが期待できる。例えば、太陽光発電や風力発電のような再生可能エネルギーの発電コストは、当初は高額で政府の補助金が必要であった。自然条件や国による違いはあるが、現在では機器の製造費用の削減や生産技術の開発によって発電コストが大きく低下しており、補助金がなくても採算がとれる業者も増えている。

気候変動リスクは企業にとって重大なリスクであるが、短期的な視点と長期の時間軸の両方で戦略を練ることが望ましい。気候変動リスクは今後もっと顕在化していくことが予想されているが、それがいつどのように顕在化していくのかを正確に予想するのが難しい。リスクの性質や大きさも変わりやすいため、定期的に物理的リスク、移行リスク、訴訟・責任リスクについて企業の財務に重大な影響を及ぼしうるものを洗い出す作業をするのがよい。リスク分析によって、現在のビジネスモデルの対応力や強靭性を確認することが、新しいソリューションとなるような商品開発、イノベーション、ビジネス機会を見出すきっかけになるかもしれない。

「環境とビジネス」は両立しうるものであり、環境対応に費用がかかるといった後ろ向きの発想をしていると、新しいビジネスの機会を見つけるチャンスを逃してしまうであろう。

以下では、企業が取り組むべき環境経営の主なポイントについて5つ解説する。

期待される環境経営① 温室効果ガス排出削減に向けて事業の総合的見直し

既に見てきたように、企業は、今後は国境を問わず、世界の多くの拠点で気候変動対応を実践し、環境負荷を大きく減らしていくことが求められていくであろう。中でも、温室効果ガスの排出に関してはできるだけ厳格に排出量を把握してそれを減らすための管理能力を高めていくことが、企業が世界で競争力を維持していくうえで避けられない課題だとみなしたほうがよいようだ。

気候変動は企業にとって財務やビジネスモデルそのものにかかわる戦略的な課題として、自社のビジネスをその観点から全体的に見直していくことが必要になる。

これまで化石燃料を大量に使って温室効果ガスを排出してもあまり費用がかからなかったが、将来的にはもっと負担をしなければならなくなるであろう――というように、今後想定できることを洗いだす。さらに、事業全体のプロセスのどこでどれだけ排出が多いのかを把握し、どのように大幅に減らしていけるのかという視点で生産工程の見直しを始めていくことを勧めたい。カーボンプライシングや規制の強化によって将来の炭素価格が上昇していくことを見越して、今から排出量を減らしていけば、将来引き上げられたときも大幅なコスト増加とならず、企業は利益を維持できる。それだけ企業の存続可能性が高まることにつながる。

企業が自社の排出量を把握するときには、子会社・関連会社の生産活動に伴う排出量を把握し「連結」で見ていかなければならない。

まずは省エネやエネルギー効率を改善するために効率性の高い生産設備に取り替えたり、既存の生産プロセスを見直して改善できることから始める。給湯や暖房は直接燃料を燃やさないヒートポンプに替えたり、再生可能エネルギーの電力利用を増やしていくべきである。同時に、工場や建物にも太陽光パネルをできるだけ設置して自家消費に充てることもできる。企業で使用する商用の乗用車・トラックも、できるだけ電気自動車（EV）等に段階的に買い替えていく。できるだけ廃棄物は減らしてリサイクルや再利用に努め、化石燃料を使って生産されるプラスチック容器の使い捨てはすぐにやめて詰め替えや再利用できるものに替えていくべきである。

日本を含め世界の大手企業では、「インターナル・カーボンプライシング」を実践しているところも増えている。CO_2の排出に伴い企業が支払う炭素価格は現時点ではまだあまり高くない。しかし、今後高くなっていくことを想定して既に非常に高くなっているとみなし、そうした高い炭素価格を前提にして可能な限り現在の経営判断に反映させることがインターナル・カーボンプライシングである。

例えば、新たに設備投資案件を検討する際に、新しく購入する生産設備からの排出量を予想し、その設備で想定される運転期間をもとに予想される排出総量を算出できる。その排出量に高く設定した炭素価格を掛け合わせれば、排出費用を計算できる。排出費用も考慮して、売上高を増やしつつもできるだけ排出の少ない最新設備の購入を選択するといった投資判断を行うことが、一例である。企業が買収を計画するときも、新しい事業を立ち上げるときも、同様にそれによって推定される排出費用を算出して、排出費用の観点から投資の採算がとれるのかを判断していくことが望ましいと考えられている。

こうしたアプローチは、これまでの経営とは異なる新しい発想が必要になる。従来であれば、企業が新規投資を決定する際に、新しい機械の購入によって期待されるキャッシュフローの現在価値と投資額を比較し、最低限必要な投資利回り(ハードルレート)や回収期間をもとに投資の判断をしているであろう。環境経営では、ここに排出費用も加えて、投資判断をしていくことになる。従来であれば選択されていた設備投資案件であっても、排出量が大きく増えてしま

う と想定される場合には、採算がとれないので選択されないこともありうる。

温室効果ガス排出量が企業の本社や子会社、国内外の工場、関連会社のどの段階に集中しているのかを把握することも欠かせない。そのうえで、次にすべきことは、企業としての削減目標を設定することである。世界の多くの国が遅くとも２０５０年までに正味ゼロの実現を公約していることから、大手企業であればそれと同時期かそれよりも早く排出量を正味ゼロまで削減することが望ましい。排出削減方法は、産業によっても、国・地域によっても、企業の採用する技術によっても、今後のイノベーションによっても異なってくる。これだけをしておけばよいといった単一のアプローチはない。

企業は、まずは自社の自助努力で排出削減を徹底して行わなければならない。しかし技術が十分確立していなかったり、削減にかかる費用が高額なためすぐにゼロまで削減ができないことも考えられる。その場合には、カーボンクレジットを第三者から購入して自社の排出量と相殺（オフセット）することが可能である（第６章を参照）。

また、排出削減のために生産・営業の在り方を見直すと、エネルギーの利用量を減らしたり、無駄を徹底して省くことで光熱費の節約につながる面もある。

期待される環境経営②　バリューチェーンからの排出削減

温室効果ガスの削減を目指す企業は、自社のバリューチェーンについても削減に努めていくことが不可欠となってきている。自社の製品・サービスに使う原材料の調達、設備・中間財・部品の調達、生産や購入する電力の消費、出荷、営業・販売、アフターサービス、ユーザーの利用・消費、廃棄までのプロセスを改めて見直していくことが必要である。バリューチェーンのどの段階でどれだけ温室効果ガスを排出しているのかを知り、排出が多いプロセスでどのように排出削減ができるかを考えていかなければならない。

バリューチェーンを見ていくことは、環境経営では避けられないと考えたほうがよい。なぜなら大半のセクターや企業にとって排出の多くは、自社よりもバリューチェーンで生じているからである。サプライヤーが生産活動で生み出す排出は、自社とは直接関係がないと多くの経営者は考えるであろう。しかし、環境経営では、そうしたサプライヤーから原材料・中間財を調達して商品・サービスを生み出すのは、ほかでもない自社の経済活動の結果であることを認識しておかなければならない。

第3章で詳細に見ていくが、自社の生産・営業活動からの排出量や電力購入によって間接的に排出する排出量の測定は比較的容易にできる。しかし、サプライヤー等の排出量の算出はサプライヤーの数が多く、多数の生産工程が関わるために、かなり骨が折れる作業である。

企業は、バリューチェーンの各段階での排出量の大きさと排出にかかる費用がどのように利益と関係するのかを分析することから始めるべきである。例えば、今後、大量に原材料を調達する国や主な生産拠点のある国でカーボンプライシングが導入されて炭素価格が引き上げられた場合、自国でそれが導入されて電力価格が引き上げられた場合、企業の利益にどのような影響が及ぶのかを試算してみることだ。あるいは省エネ規制や排ガス規制等が強化されて生産費用が上昇した場合も、同じように利益への影響を試算することができる。

全ての排出量を完全に把握する必要はない。世界では「マテリアルな」(重大な)という用語がよく使われている。やや抽象的だが、これは企業の売上高や利益に対して影響が大きいという意味である。つまり企業は様々な気候変動が財務にもたらす影響について「マテリアル分析」を行うことで、影響が大きい上流または下流のバリューチェーンの段階やサプライヤーを見つけ出すことに集中すればよいとされている。

その際に、企業が直接取引する1次サプライヤーが大企業であれば、できるだけ鉱物資源や原料といったサプライヤーの川上の段階でも排出量の大きさや環境汚染の実態を調査し、できる限りそうした配慮がなされた調達先から購入することを促していく必要がある。こうした調達先の多くは低所得国で労働者の安全や人権に課題があることが多いため、そうした社会的観点でも調達先を選択していくことを要求する投資家や非営利組織が増えている。

まずは上流において排出量が多いサプライヤーに対象を絞り、それらのサプライヤーが排出量データや削減目標を開示しているのか調べてみるのがよい。その次に、そうしたサプライヤーに接触し、排出削減の重要性に対する理解を促すことに着手し、排出量データを開示するよう要請していく。こうした作業は「エンゲージメント」と呼ばれており、これに着手していくことが重要な企業戦略になってきている。

企業全体とバリューチェーン内の排出量の所在や原因を分析し、十分理解が進むようになると、次に企業がすべきことは、全体の削減に向けた具体的な活動や期限を含む「移行計画」を策定することである。排出量と利益の関係を分析した結果、排出量が多い割には付加価値をさほど生み出していないサプライヤーに対しては取引を縮小・停止していく方向で考えていくのか、あるいは排出の少ない効率的な別のサプライヤーに転換するのかといったことが検討項目に上ってくるであろう。

付加価値が大きく企業価値の向上に寄与しているが、排出量が多いサプライヤーに対しては、削減を要請したり、共同で削減の工夫をすることもありうる。一度に多くのサプライヤーへのエンゲージメントを実行するのは難しいため、企業は優先順位を決めて、計画を立ててエンゲージメントを実践するのが望ましいとされている。

サプライヤーが中小企業の場合、排出削減につなげるために、企業が技術・資金支援を行うことも考えられる。大企業が銀行と組んで、中小企業のサプライヤーに対してインセンティブを提供する事例も世界では確認されている。例えば、あらかじめ設定した排出削減を実現した中小企業のサプライヤーに対して、売掛金の現金回収を優遇する方法がある。通常、大企業に納品する中小企業は売掛金を確保するが、特定の決済日まで現金を得ることができない。運転資金に充てるために現金が早くほしい企業は、銀行に売掛金を割り引いてもらうが、割引率が高いのでその分自己負担をしなければならない。このため、あらかじめ設定した排出削減目標を達成した中小企業に対して、銀行が割り引く比率を大企業並みに低くする仕組みが活用されている。これにより中小企業はさほど負担をせずに現金を早く受け取れるようになるので削減意欲が高まる。

こうした仕組みは、「サプライチェーン・ファイナンス」と呼ばれており、米国では世界最大手スーパーマーケットのウォルマートがいくつかの銀行と組んで実践していることがよく知られている。米国のウォルマートは、テクノロジー企業とも組んで、こうした早期に売掛金を回収するアプローチも提供している。

このようにして大企業であれば、バリューチェーン全体で排出と利益の両方のパフォーマンスを向上させる戦略的な工夫が考えられる。つまり、環境とビジネスは両立が可能であるし、工夫の余地はたくさんあることを、世界の多くの企業が示している。

期待される環境経営③　気候課題のソリューションとなる商品開発とアップルの革新的動き

企業は、気候課題が新しい商機をもたらす「機会」ととらえて、収益機会を拡大することができるという点も常に意識しておくべきである。

できるだけ排出の少ない製品・サービスを開発することに努めるだけでなく、気候課題のソリューションとなるような商品・サービスを提供していくことが望ましい。そのためにも将来の各国の気候政策や規制の動向、消費者・投資家の選好の変化、自社の競争上の優位性の見通しを調査したうえで、新しい市場を開拓していくべきである。それを最大限に活かすためにも組織構造を革新したり、人材・資源の配分を大きく転換していくことも考えられる。

低炭素の衣類や履物、食品、日用品や化粧品、家電製品や携帯電話のほか、ＥＶやその他の低炭素自動車、排出の少ない電力の供給、低炭素な配送・輸送サービス、自然災害対応の保険サービス、太陽光パネル付きで省エネ対応の住宅、あるいはグリーンな住宅のローンの提供等、さまざまな市場の拡大が期待されている。

環境意識が高くリーダーシップを発揮する世界トップ10企業に頻繁に名を連ねている、米国のアップルの動きに注目してみよう。アップルは、時価総額が３・３兆ドル（約５１９兆円）もあり世界ランキングではマイクロソフトに次ぐ第2位となる大企業であるが、スマートフォンやタブレット、ノートパソコン、ウェアラブル製品やそれらのオペレーティングシステム、付属品を設計かつ製造し、さまざまなサービスも提供しており、世界中で高い人気を誇っている。

アップルが特異な存在なのは、気候変動対応をはじめ、サステナブルな製品・サービスを提供しようと長く革新的な努力を続けていることだ。自社の営業活動での排出について「カーボンニュートラル」を既に達成しており、バリューチェーン全体でも２０３０年までの同じ目標を掲げている。データセンター、オフィス、小売店等は１００％再生可能エネルギーを使っている。製品ではレザーの使用を廃止し、１００％繊維でつくったパッケージや再生素材を使用している。サプライヤーに対してもクリーンエネルギーを使用して排出削減を進めるよう働きかけており、同社向けの製品の製造に使う電力を全て再生可能エネルギーにすると宣言したサプライヤーは世界30か国弱で２５０社を超えている。ここには日本の大手電子部品メーカーも含まれている。

2023年9月に、アップル初の「カーボンニュートラルな製品」を発表している。再生可能エネルギーを100%使って生産したり、航空機よりもCO_2の排出が少ない船舶や鉄道をできるだけ使って輸送したりすることで排出量の大半を自助努力で削減している。どうしても削減できずに残った部分は、カーボンクレジットで相殺してカーボンニュートラルを実現している。これに関連し、森林・草原・湿地帯の保全や持続可能な農業を促進するためのファンド「Restore Fund」を創設している。このファンドは商業利用林や生態系保全区域を購入し、国際的な環境専門の非営利組織や欧米の金融機関とも協働して、排出削減やCO_2の回収に努めている。こうした活動から得られたカーボンクレジットは衛星技術やデジタル技術を使って測定し、透明性を高めている(第6章を参照)。

アップルの製品には鉱物資源がたくさん使われており、こうした資源の再利用やリサイクルに努めている点も高く評価されている。再生可能エネルギーやEVの利用では、バッテリー等の生産にコバルト、レアアース、リチウム、黒鉛、銅、ニッケルといった鉱物資源が大量に必要になる。中国はレアアースや黒鉛を除くと、鉱物資源の採掘量は多くはないが、大半の鉱物資源の精錬・加工が同国に集中している。最近では地政学リスクが高まっており、鉱物資源を豪州、カナダといった他の地域で採掘・生産したり、回収・リサイクルを進めたり、代替材を開発することが欠かせない経済安全保障戦略となってきている。

そうしたトレンドをとらえて、アップルは２０３０年までにこうした製品素材を全て再生素材にする目標を掲げている。既に再生コバルト使用率は２０２１年の13％から２０２２年には25％に改善している。レアアースの再生素材使用率は２０２１年の45％から２０２２年には73％まで上昇している。バッテリーからコバルトやレアアース類の回収にも努めており、回収ロボットも独自に開発している。鉱物資源のサプライヤーの公表も始めている。とくに紛争地域の鉱山で採掘される鉱物資源は、スズ、タングステン、タンタル、金等の紛争鉱物３ＴＧと言われており、これについては製錬所と精製業者が独立した第三者の監査を受けている。

環境・社会両面での取り組みも進めており、アフリカで鉱物資源の採掘に依存するコミュニティに対して、環境や健康にも有害な採掘作業から他の職業に転換するための職業訓練プログラムにも取り組んでいる。

期待される環境経営④　自社とバリューチェーンの物理的リスクへの強靭性を高めよう

企業は、気候変動の物理的リスクに対して十分対応力を高めることで、企業価値を維持していくことができると考えるべきである。世界各地でサイクロン・ハリケーン・台風、あるいは大洪水や干ばつといった極端な事象が顕在化している。そうした状況下で、生産・営業拠点やバリューチェーンが大きな打撃を受けずに、機能を果たし続けられるように今から物理的リスクを把握して対策を取っていくことが重要である。それには、工場の立地についての安全性の強化(移転を含む)、損害保険への加入、農業では自然災害に強靭な品種改良といった様々な投資や研究開発が考えられる。

第1章でもふれているが先進国でも損害保険サービスに加入できなくなったり、加入できたとしても保険料が引き上げられる事態が見られるようになっている。企業は保険でリスクのヘッジができなかったり、ヘッジ費用が高くなる事例があることを知っておくべきであろう。

ほぼ毎年森林火災に直面する米国カリフォルニア州では、全米でビジネスを展開するある大手住宅保険会社が2023年に、新築住宅保険の引き受けを行わないと発表している。森林火災により、住宅が焼失する事例があまりにも増えているために、保険ビジネスで採算がとれなくなっているからである。他の住宅保険会社でも、住宅保険サービスやコンドミニアム向け保険や商業保険サービスから撤退する事例が見られている。海面上昇や洪水に直面するフロリダでも住宅向け保険料が引き上げられているという。

日本でも水災リスクによって保険料の引き上げが現実化しつつある。損害保険各社で構成する「損害保険料率算出機構」が2023年に、火災保険（住宅総合保険）の水災に関する参考純率を翌2024年から平均13・0%引き上げると発表している。これは過去最大の上昇率となっている。しかも水災に関する保険料率についてこれまでの全国一律から、初めて地域の水災リスクに応じて5区分に細分化している。これにより、同じ構造の建物や築年数でも、リスクの高い所に立地する建物と低い所に立地する建物では保険料が変わることになった。最も水災リスクの高い地域では現状と比べて30%以上も保険料率が高くなる。今後も物理的リスクが顕在化するにつれてさらなる料率間の差が拡大していくと予想される。

期待される環境経営⑤　温室効果ガス排出量に関するデータ管理は重要な企業戦略

企業は、近年、温室効果ガス排出量のデータや排出削減目標の設定、目標に向けた具体的な戦略等を開示することが強く求められるようになっている。環境意識の高い投資家が世界的に増えており、企業に対して削減実績や目標達成への進展度を開示するよう要請が強まっていることが背景にある。

開示に関する詳細は第3章で説明するので、ここでは経営の観点からの主なポイントについて指摘しておきたい。温室効果ガス排出量のデータを集めるには、各事業部や国内外の生産・営業拠点から得るデータ、あるいはサプライヤーからのデータについて、時間をかけてデータ収集の仕組みを組織的に設計し、それらを分類し、集計するシステムが必要になる。

どの段階で排出が多いのかを把握するためには、企業やサプライヤーやユーザーの排出量とともに、事業や工場・営業所・子会社・関連会社ごとの排出量も把握する必要がある。また、主な商品・サービスごとのライフサイクルを通じた排出量を把握することも重要で、そこでは、鉱物資源の採掘、原材料の生産、素材の生産、部品の調達、商品の生産、ユーザーの利用、廃棄までの排出量を把握しなければならない。

最近では、アップルのように世界の大企業がサプライヤーを含む全工程の温室効果ガス排出削減を進めており、そうした企業から排出量の情報開示の要請が強まっている。日本の製造業メーカーも要請を受けており、取引を継続するために迅速に対応している企業もある。今後は、そうした日本企業から排出量データの開示を求められ、削減を促される日本の中小企業も増えていくであろう。

こうしたデータは全てが簡単に入手できるわけではない。第三者の推計や企業による推計も多数利用して集計されている。そうした推計方法や推計の際に設定した仮定や計算式等をきちんと整理して記録を残し、定期的にその推計方法を見直して改善を図っていくデータ管理が欠かせない。それらを可能な限り対外的に開示することも重要になっている。

データの収集や情報開示の要請が強まっていることから、大企業では執行取締役または執行役員の中から、「チーフ・サステナビリティ・オフィサー」と呼ばれる担当者を１名任命し、データの収集・集計、設定した削減目標への進展度の分析と評価、および経営陣への報告を行う役割を果たしてもらうことが多くなっている。企業の「サステナビリティ報告書」または「統合報告書」等の作成責任者として、それらを説明する広報の役割も果たしている。投資家、銀行、非営利組織あるいはサプライヤーとの対話（エンゲージメント）の担当者としての役割も果たしている。こうした人材を社内で育成することが不可欠になっている。

日本では、有価証券報告書において人的資本や環境対応等の開示が要請されるようになっており、中小企業も同報告書を作成する資源を投入し準備を進めることが重要である。

第2章のポイント　企業の次元の異なる技術革新が必要な時代

●2023年末にドバイで開催された第28回締約国会議(COP28)では、世界平均気温上昇を1.5℃の上昇に抑えるために、化石燃料から脱却し、「2030年までに再生可能エネルギー容量を世界全体で3倍へ拡大する」といった新しい目標で合意した。この実現のために、企業は再生可能エネルギーの利用を増やし、一段と脱炭素化が求められている。

●経済活動からの温室効果ガス排出量を大幅に削減していくには、排出削減に向けた投資や除去・回収を可能にする技術革新が必要である。エネルギー効率の改善、EVや再生可能エネルギーの供給設備やバッテリー・蓄電池、それらの部材や代替材、水素等の利用による低炭素な製造方法、低炭素な農法や食品製造をはじめ、多種多様な技術革新が世界で見られている。さらに、CCSやCCUS、大気から直接CO_2を分離・回収するDAC、排ガス抑制装置、森林再生・植林等によるCO_2の吸収力を測定する衛星とAI・デジタル技術など幅広いイノベーションが生まれており、今後さらにたくさんの技術開発や投資が行われていくであろう。

● 企業の優先課題は、技術革新を進めるとともに、現在入手できる省エネ技術等を使ってできる限り自社の生産・営業活動からの排出削減を進めるべきである。ただし、大幅な削減や商業化が可能な技術がまだ確立していない産業も多く、政府の支援も受けながら、投資や技術開発をしていくことが求められている。

● 低炭素・脱炭素技術の多くは、過去に地球上で発明されたイノベーションとは性質が異なっていることを理解しておこう。電気、コンピューター、鉄道、自動車、飛行機のような過去に開発された技術は、私たちの経済や社会に定着しており、人間の生活を各段に豊かにし経済の効率性や経済成長を高めることに大きく寄与してきた。経済成長や人口増加とともにそうした技術の需要が拡大しているものも多い。企業は自発的に設備投資や研究開発費を投じて技術革新を進めて商品を開発し、コストの大幅削減を行ってさらに需要の開拓をしてきた。企業がそうした技術革新や投資をするインセンティブが経済には内在している。

● 一方、気候変動を和らげるための技術革新は、企業の自発性だけでは進まない。現在のビジネスモデルが利益を生み出していても化石燃料を大量に使用しているのであれば、企業は生産方法を変えなければならない。既存の生産方法を段階的に停止し、新しい生産方法に大きく転換していくための研究開発や多額の投資が必要となる。企業が技術革新に努めても投資費用に見合う利益が得られるのかは不確実性が高い。このため企業は、政府からの気候政策や支援によるプッシュがないと、率先して技術革新をするインセンティブは生まれにくい。

● 需要もすぐに大きく生まれない可能性もある。例えば、EVはエンジン車よりもずっと高額なため、政府の補助金による購入支援がないと一部の環境意識の高い富裕層だけが買い手となるだけで、規模の経済性が働かない可能性が高い。再生可能エネルギーは今でこそ技術革新や生産拡大による機器価格の低下により発電費用は大きく下がっているが、これは太陽光発電や風力発電の供給を拡大する政府の支援がなされたことが大きい。比較的成功した例としては、「固定価格買取制度」で、欧州、日本、中国をはじめ多くの国が導入して発電供給者を補助金により支援してきた。今後さらに再生可能エネルギー等の供給を安定的に増やしていくには、地域分散化した電力供給、バッテリー、需給を調整する送電網・スマートグリッド等への投資が必要となっており、政府による政策や支援が不可欠である。

●こうした状況は、経済学では「市場の失敗」と呼ばれている。気候変動がもたらす被害や損失がしだいに世界各地で大きくなっているのに、民間企業に任せたままであると市場の失敗を是正する動きが企業からは自発的に起きないからである。また、工業化を遂げた先進国が排出削減と技術開発に取り組み、途上国・新興国に技術や資金の支援をすることも同時に行わないと世界の温暖化対策は進まない。

●気候政策としては、カーボンプライシング(炭素税や排出量取引制度)が重要である。これにより化石燃料の使用費用を引き上げることが、企業の脱炭素・低炭素技術の開発を促すのに有効であると世界では考えられている。化石燃料の使用による温室効果ガス排出がもたらす社会的費用をも勘案して、化石燃料の使用に伴う費用を引き上げる政策である。そのほかエンジン車の排ガス規制とEVを含むゼロエミッション車の生産・販売奨励策、エネルギー効率規制、技術開発のための補助金、再生可能エネルギー供給拡大のための財政支援等がよく用いられている。企業はこうした動きがこれから加速していくと考えて、自社の技術から応用できるものは使い、世界各国が行う補助金も活用しつつ、技術革新を進めていくことが期待されている。

第3章

排出量データの可視化は企業の競争力を高める

世界では、企業による気候関連の情報開示が急速に進みつつある。企業が自社の生産・営業活動からの温室効果ガス排出量の正味ゼロ（あるいはカーボンニュートラル）にコミットし、それをどのように実現していくのかを丁寧に伝えていくことが重要なコミュニケーション戦略となりつつある。中でも、企業の排出量を過去のデータを含めて一貫した手法で算定し、排出削減目標に向けた進展度を示していくことが重視される時代に入っている。

世界では気候変動への取り組みが、単に「エコ」「環境にやさしい」「ナチュラル」という言葉を使ったブランディングやマーケティングの手段としては認められなくなりつつある。本当に環境にプラスとなる企業行動だと見なされないと、グリーン・ウォッシングの批判や訴訟の対象となったりすることで、取引先や投資家を失うこともありうる。このため、情報開示を充実させるとともに、株主や債権者、取引先企業、サプライヤー、非営利組織・市民団体を含む幅広いステークホルダーと対話をすることが必須となっている。こうした対話は、「エンゲージメント」と呼ばれており、自社の取り組みについて理解を深めてもらう機会であると同時に、世界の動向や他の企業の動きを知るための貴重な情報収集の場ともなっている。日本企業でも社長・CEOが率先して投資家と対話の場をもつ事例も増えている。第3章では、企業に期待される気候関連の情報開示を中心に最近の動向や課題について解説する。

最も重視される情報は「温室効果ガス排出量」

ビジネスにおけるサステナビリティや気候変動に関する戦略的アクションのひとつが、データと目標を含む情報開示である。有価証券報告書等で示す財務情報に加えて、気候変動に関する情報開示の標準化は少しずつ進みつつあり、国・地域によっては情報開示の義務化・法制化が始まっている。

気候変動に関する情報開示で最も重視されているのが、温室効果ガス排出量の測定である。排出削減目標を設定する前に、企業は生産工程のどの段階でどれだけ排出しているのか、時系列データを作成することから始めるべきである。温室効果ガスは英語でGreenhouse Gasのことなので GHGと簡略して使うことが多い。

温室効果ガスの算定・開示に関する国際的な基準は、「GHGプロトコル」である。世界資源研究所と持続可能な開発のための世界経済人会議（WBCSD）が設立したGHGプロトコルイニシアティブと呼ばれる組織が策定しており、世界の多くの企業が活用している。GHGプロトコルは、企業の炭素会計と報告について一貫したアプローチが必要との認識から開発された。他の基準もあるが、世界はこれに沿って開示することで合意しているため、本書もこれに沿って説明する。
GHGプロトコルでは、「Scope」(スコープ)という用語が出てくるが、これは温室効果ガスの排出量を3分類するのに使われている。企業は、次のように、スコープ1、スコープ2、スコープ3の3つに分類して開示することが期待されている。

スコープ1：企業が事業活動から自ら直接排出した量を指す。燃料(重油、都市ガス、灯油、LPガス、ガソリン等)の燃焼からの排出量が含まれる。例えば、自社のボイラーや燃焼設備、暖房機器・コジェネレーション設備からの排出、並びに、工場内のフォークリフトや運搬用自動車、あるいは商用車からの排出も含む。その他、化学反応によるガスの発生や、工場での温室効果ガスの使用・放出等も含まれる。

スコープ2：他社から購入した電力消費や熱・蒸気使用による間接的な排出量を指す。

スコープ3：スコープ1と2を除く、上流から下流までの過程における排出量を指す。スコープ3の排出量は、バリューチェーンの排出量とも呼ばれており、15種類に分類されている。

具体的には、図3－1に示しているように、自社の生産・営業活動に関わるものだけではなく、サプライヤーや顧客の排出量の算出にも及んでいる。

これにより、企業は自社の排出量を減らしているかのように、あるいは少なく見せかけることができなくなる。例えば、企業は自社の生産・営業活動からの排出量を減らすために、そう

スコープ3（上流）
①購入した製品・サービス（原材料調達等）
②資本財（生産設備の購入等）
③燃料の採掘・精製（電力に使用する燃料を含む）
④調達・出荷の物流
⑤廃棄物の自社以外での輸送・処理等
⑥従業員の出張
⑦従業員の通勤
⑧自社がリースしている賃借資産の稼働等

↓

自社（スコープ1）
生産・燃料の燃焼など自社の活動からの直接的な排出

自社（スコープ2）
他者から購入した電気や熱・蒸気の使用に伴う間接的な排出

↓

スコープ3（下流）
⑨出荷・輸送，倉庫での保管，小売店での販売
⑩販売した製品の加工
⑪販売した製品のユーザーによる使用
⑫ユーザーによる廃棄時の輸送と処理
⑬自社が保有し賃貸しているリース資産の稼働
⑭自社のフランチャイズ加盟者のスコープ1，2
⑮株式・債券投資，プロジェクトファイナンス等

出所：GHG Protocol（2021）をもとに筆者作成

図3–1　温室効果ガス排出量の算定

した活動を外注に変えれば、スコープ1やスコープ2の排出量が減ったかのように見せられる。しかしスコープ3も含めて開示するとなると、外注した先での排出量を含めなければならないため、見かけ上削減できたかのように示すことはできなくなる。企業の活動をできる限り全て網羅し、透明性や一貫性を高めて開示する枠組みがGHGプロトコルである。

また、大企業だけが開示の対象となったとしても、スコープ3のデータの算定において取引相手の中小企業のデータも必要になる。また、銀行の開示でもスコープ3の投融資先のデータが必要になってくる。このため、開示義務がない企業も、大企業や銀行の排出量データの算定プロセスにおいて間接的に影響を受けることを念頭に置いておくべきであろう。

このような説明を聞くと、企業の間で温室効果ガス排出量の二重計上になってしまうと思う人もいるはずである。例えば、ある企業Aにとって自社の生産からの排出量はスコープ1に分類されるが、その財を購入した別の企業Bにとって企業Aから購入した財に関連する排出量はスコープ3(上流)に分類されるかもしれない。そうなると、企業Aのスコープ1の排出量と企業Bのスコープ3の排出量として二重や多重に計上されるので、企業Aと企業Bの排出量を合計すると排出量が過大評価になってしまうと思われるかもしれない。

本質的には排出量の算定では、重複して計上されることは問題ではないことを理解しておこう。スコープ1、2、3の排出量の算定をする目的は、誰がその排出量を生み出したかではなく、各企業がどのように温室効果ガスの排出問題に直面しているかを把握するためだからである。それにより企業の気候変動のリスクが生産工程のどの段階にあるのかが明確になるし、それを知ることで削減対策を考える際に、新しい事業機会をつかむきっかけともなりうる。

企業の温室効果ガス排出量は「スコープ3」に集中

各企業の排出ではスコープ3の排出量が突出して大きいことが多いので、ここを把握して対策を考えなければ十分排出削減ができない可能性がある。スコープ3は、企業の排出量全体の7～9割も占めていると言われている。

図3‑2は、企業の環境関連の情報開示を世界的に進める非営利組織CDPが企業から得たデータにもとづいて示したものである。これによれば、多くのセクターにおいてスコープ3の排出量がスコープ1と2の合計排出量の2倍以上にもなっていることを示している。例えば、製造業では6・5倍、食品・飲料・タバコ業でも6倍近くにもなる。このことからも企業のスコープ1と2だけに削減の焦点を合わせるだけでは不十分なことは明らかである。

食品・飲料会社であれば、スコープ3（上流）のカテゴリー①（原材料の調達）の排出量が圧倒

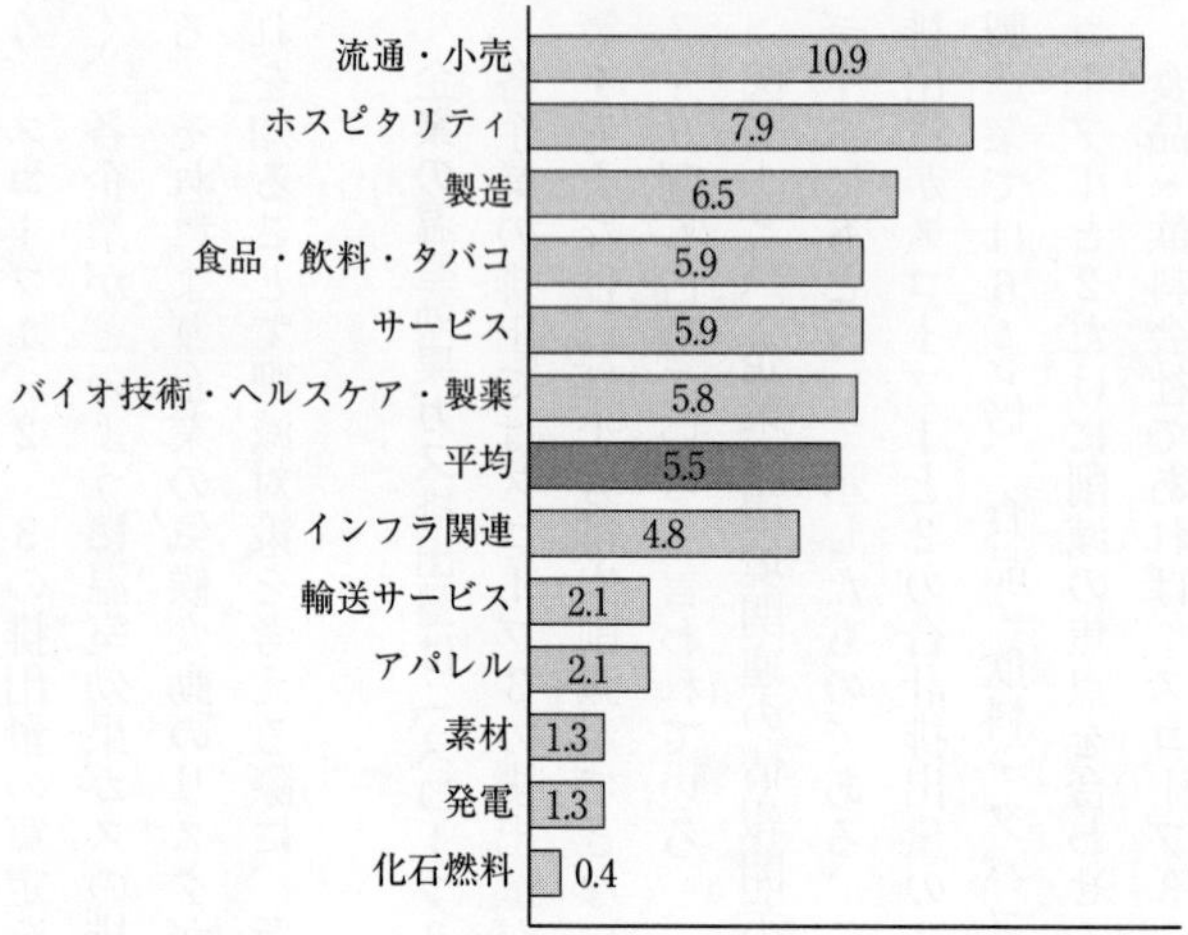

出所：CDP (2020)

図 3-2　スコープ 3 の排出量をスコープ 1 と 2 の合計排出量で割った比率

的に多くなる。自動車メーカーであれば、スコープ 3（下流）のカテゴリー⑪（ユーザーの走行による排出量）が最大となっている。石油・ガスの探査・生産をする事業会社も、カテゴリー⑪（ユーザーによる化石燃料製品の燃焼からの排出量）が最も大きくなっている。銀行であればカテゴリー⑮の投融資からの排出量が中心となる。

カテゴリー別の排出量の所在を把握すると、第 2 章でもふれている、企業が直面する気候変動の「移行リスク」がどこで生じる可能性があるのかを予測し、より効果的な対応策をとれるようになる。同時に、企業へ投融資する投資家や銀行も、投融資先の企業が直面しうる気候リスクを理解することができるようになり、投融資判断に役立てることが可能になる。

温室効果ガス排出量の算定にはバウンダリの設定が必要

温室効果ガス排出量のスコープを理解したところで、本書を読み進める読者が次に知りたいのは排出量がどのように算定されているのかであろう。

まず初めに企業が検討すべきことは、当該企業が算定する「範囲」（バウンダリ）を決めることである。最初に自社の国内外の主な生産・営業拠点をできる限り対象にすることから始めて、主要な子会社を含む連結で排出量を算定していくことになる。最終的には、これらの拠点や子会社を全て対象として算定する必要がある。

後述する「国際サステナビリティ基準審議会」（ＩＳＳＢ）の開示基準では、「連結」と「その他の関連企業」に分けて排出量を開示することを要請している。まずは単体そして連結での開示を優先し、しだいにその他の関連企業に目を向けていくように今から準備を進めるのが望ましい。

したがって、バウンダリに何が含まれていて何が含まれていないのかをきちんと認識し記録しておくことが重要である。とくに途上国では統計が未整備で十分詳細なデータが入手できないことが多いので、段階的にバウンダリを広げていくアプローチをとらざるをえない。

なお、温室効果ガスにはいろいろな種類がある。全体の8割程度を二酸化炭素（CO_2）が占めている。その次に多いのがメタン（CH_4）で、牛の飼育からもたくさん排出されている。それ以外に、亜酸化窒素（一酸化二窒素、N_2O）、ハイドロフルオロカーボン類（HFCs）、パーフルオロカーボン類（PFCs）、六フッ化硫黄（SF_6）、三フッ化窒素（NF_3）がある。N_2Oは窒素肥料の使用、HFCsはエアコンや冷蔵庫の冷媒が全体の排出量の相当な割合を占めている。PFCs、SF_6、そしてNF_3は半導体や液晶ディスプレイの製造工程等に使用されている。

温室効果ガスはどのように算定するのか

温室効果ガスの排出量の算定にはいろいろな方法がある。企業が自社の工場で測定機器・センサーを使って温室効果ガスを直接、リアルタイムで測定することができればベストである。日本では既に多くの製造現場で実測値を使う大手企業が増えており、こうした実測値は「1次データ」と呼ばれている。

しかし、全ての企業がそうした方法をとれるわけではない。一般的には、「活動量」データを企業の拠点ごとに収集し、それぞれの活動に合った「排出係数」(活動量1単位当たりの排出量)を掛けて算出する。排出係数は排出原単位ともいう。

温室効果ガスの算定：　排出量　＝　排出係数　×　活動量

活動量は、企業の温室効果ガスの排出量と相関がある活動の大きさを示しており、例えば、生産量、貨物の輸送量、トラックの走行距離、重量、電気の消費量、店舗の面積数、廃棄物処理量等がある。排出係数は、電気の使用1キロワットアワー(1kWh)当たりのCO_2排出量、貨物輸送量1トン当たりのCO_2排出量、廃棄物の焼却量1トン当たりのCO_2排出量といった表示単位になる。

排出係数は、多くの先進国で入手できる。日本では環境省、米国では環境保護庁(EPA)のホームページで詳細なデータが平均値で入手でき、毎年更新されている。電力事業者が排出係数のデータを公表している場合には、そのデータを直接用いることもできる。この他、電力関連では国連や地球環境戦略研究機関(IGES)から多数の国別の排出係数を無料で得られる。国際エネルギー機関(IEA)からも電力関連の排出係数が有料で入手が可能である。こうした外部データは「2次データ」という。

スコープ1の燃料の燃焼の場合には、購入した重油、ガス、ガソリン等の購入データを燃料供給者の請求書や納品書をもとに年間購入量を算出し、それに排出係数を掛ければ比較的容易に算出できる。

スコープ2については、企業のさまざまな拠点で購入した電力消費量データが各電力会社の契約内容から得られるので、その購入内容のエネルギーの属性に注目して電気1kWh使用当たりのCO_2排出量を排出係数と掛け合わせて算定できる。こうした算定方法を「マーケット基準」という。もうひとつの簡便的な算定方法は、各国・地域における平均的な排出係数と企業の年間電力消費量を掛けて算出する方法で、「ロケーション基準」と呼ばれている。

最初はロケーション基準を用いて算出し、しだいにマーケット基準に転換するのが望ましいのは、拠点ごとに排出削減の成果を反映できるからである。企業が電力購入を減らして、工場の屋根に太陽光パネルを設置して自家消費を行えば、その分の排出量をゼロとカウントできるので企業全体の排出量を減らすことができる。企業の排出削減に向けた創意工夫を促すこともできる。

このようにスコープ1やスコープ2の排出量は、自社の燃料の燃焼や購入電力にかかる排出量なので、比較的算定しやすい。日本では、1998年に制定された「地球温暖化対策の推進に関する法律」の下で、一定以上の排出をする企業については上場企業であろうと未上場企業であろうと、スコープ1と2の開示は義務づけられている。スコープ3の開示は任意となっている。このためスコープ1と2の排出量の算定については、企業の負担感はあまりないようだ。

このようにして温室効果ガスの排出データを個別のガスごとに算定していく。これらのガスはそれぞれ測定単位が異なっているので、ガスの種類ごとに合算した排出量と「地球温暖化係数」を掛け合わせて、CO_2に換算してトン当たりの単位（tCO_2）に転換する。これによりさまざまな温室効果ガスを合算して排出量を算定できる。地球温暖化係数は、環境省やIPCCから入手できるが、それぞれの温室効果ガスが地球温暖化をもたらす程度をCO_2と比較した数値で表している。例えば、メタン（CH_4）の地球温暖化係数は25なので、CH_4を1トン排出することはCO_2を25トン排出するのと同じ温暖化の効果があるとみなせる。これによりCH_4の排出量をCO_2トン当たりに換算できる。

温室効果ガス排出量　＝　地球温暖化係数　×　排出量

※温室効果ガス排出量の単位（CO_2換算のトン当たりの単位、tCO_2）

以上のようにして算定した排出量は、総排出量、およびスコープ1と2に分類した排出量として開示する。スコープ1と2の排出量データは比較的正確であり、企業間の比較も、時系列での比較も可能だと考えられている。

企業を悩ませるスコープ3排出量の算定

世界的に企業を悩ませているのが、スコープ3排出量の算定である。スコープ3排出量の算定が難しいのは、カテゴリーが15種類あるうえに、大企業ともなると、中小企業を含む多数のサプライヤーやユーザー・顧客と取引があるからだ。自社がコントロールできない他社からの情報が必要になる。

最も望ましいのは、サプライヤーから排出量データ(1次データ)を直接入手することである。サプライヤーが製品ごとに排出係数を算出していれば、それと購入台数や購入個数等の活動量を掛けて算出するのが最も正確である。そうしたデータが無くてもサプライヤーが温室効果ガスの排出総量を算定している場合には、サプライヤーの全売上高に占める当該企業の購入額の割合が分かれば、この割合をサプライヤーの温室効果ガス排出総量と掛け合わせて、サプライヤーからの排出量を算定できる。

例えば、企業Aに納入するサプライヤーBについて、全体の温室効果ガス排出量が1000トンだと仮定する。サプライヤーBの総売上高が10億円で、このうち企業Aの購入額が2億円だとすれば、Aの購入比率は2割になる。このデータをもとに、企業Aは1000トンに20%を掛けて200トンをサプライヤーBからの排出量と見なして、企業Aのスコープ3のカテゴリー①に計上できる(事例1を参照)。

実際にはそうしたデータの入手も難しいことが多いので、活動量と第三者が算出する排出係数を掛けて算定することが多い。排出係数は、スコープ3の算定に必要な詳細な活動量当たりの排出係数を用いることが望ましい(事例2)。環境省の「サプライチェーンを通じた組織の温室効果ガス排出等の算定のための排出原単位データベース」ではカテゴリー別の排出係数が得られる。

ただし、データの入手が難しいカテゴリーについては、活動量当たりではなく、金額や価格ベースの排出係数が用意されている。この場合には、企業はサプライヤーからの購入額と掛け合わせて排出量を算出する(事例3)。このやり方の問題点は、インフレ局面で購入額が高騰していると、排出量が多く算定されて過大評価される可能性があることだ。

このほかＬＣＡ活用推進コンソーシアムが提供するインベントリデータベースＩＤＥＡ（イデア）から、日本における平均値の排出係数データが得られる。IDEA Version 3.2では、約４７００種類の農林水産物や工業製品等の製品・サービスの温室効果ガスの排出係数が得られ、毎年更新されている。CO_2だけでなく、化学物質の排出、鉄や銅等の資源消費のデータも得られる。原単位の排出量（排出係数）に加えて、各製品の製造プロセスの入出データも提供されている。日本では、こうした「２次データ」が比較的充実している。

企業Ａのスコープ３排出量のいくつかの算定方法（CO_2換算のトン当たりの単位、tCO_2）

（事例１）**サプライヤーＢから調達した財に関わる排出量＝１０００×20％**

※Ｂの全排出量が１０００トン、Ｂの総売上高に占める購入企業Ａへの売上高が占める割合が20％と仮定

（事例２）**サプライヤーＣから調達した財に関わる排出量＝排出係数×サプライヤーＣから購入した物品量**

※２次データから数量当たりの排出係数を活用

（事例３）**サプライヤーＤから調達した財に関わる排出量＝排出係数×サプライ**

ヤーDからの物品購入額
※2次データから価格または金額当たりの排出係数を活用

以上のようにしてスコープ3排出量はカテゴリーごとに情報の入手可能性に応じて、1次データと2次データを組み合わせて算定する。しかし、様々な仮定や推計式を多用するので、データの質のばらつきも大きい。スコープ1と2のデータについては企業間の比較が可能であるが、スコープ3については各社のバウンダリが異なっているうえに、推計方法や用いるデータの違いから企業間の排出量の比較はあまり意味がないことを理解しておこう。

同じ排出量が、異なる企業のスコープ間で重複して計上されることは(例えば、企業Aのスコープ1と企業Bのスコープ3)問題にならない点を既に指摘したが、データ不足により重複計上が起こりうることを指摘しておこう。例えば、前述の事例1で、割合データが正確に得られない場合は推計過程でこうした問題は起こりうる。

しだいに企業がデータ収集や算定作業に慣れてきて、サプライヤーからもより多くのデータを直接入手できるようになれば、より正確な排出量を算定できる。最初の段階では、排出の最も多い品目や活動、大手サプライヤーに集中して排出量を算定することから始めるとよい。

大企業であれば、排出の多い大手サプライヤーを選択し、集中してエンゲージメントを行って削減努力やデータの整備を促していくのが重要な課題となっている。

サプライヤーも排出量データの開示を行うようになれば、世界で新しい顧客の獲得につながる可能性も高い。このためにも、最初は算定にかかる負担が大きくても、できるだけ多くの企業が排出量の算定を始めていくとデータインフラの整備につながっていくことになる。

時間が経過するにつれて、推計方法が改善できることも多い。ただし、そうした変化によって排出量が上下に変動することもある。このため、企業は正確な排出量データを算定しなくてはならないと考えるよりも、現時点で直接サプライヤーから得られる1次データや2次データを活用しつつ、設定した仮定や計算式についての情報を企業内できちんと管理しておくことが重要である。開示においては、そうした算定方法や仮定を説明していくことで、推計方法の変更で排出量が上下しても問題はないと考えられている。

しかし、計算方法を大幅に改定することで排出量の調整が大きくなる場合には、基準年のデータも改定することが望ましい。基本的に、企業は基準年からの排出削減量を示して、排出削減進展度を示すことが求められているからである。企業は、基準年をもとに排出削減目標を設定するので、基準年のデータは重要である。

以上のようにスコープ3の排出量を算定したのち、全排出量とスコープ1、2、3に分けた排出量、さらにスコープ3については15種類に分類して開示することになる。現在では、温室効果ガス算定のためのソフトウェアも流通している。こうしたソフトウェアでは最新の排出係数があらかじめインプットされているので、企業は活動量を入力することで以前よりは容易に算定ができるようになっている。

重視される温室効果ガス排出量の「第三者保証」

温室効果ガス排出量は、投資家や取引先企業からの信頼性を高めるために、独立した第三者から保証を受けることが望ましい。そのための検証では、正確な温室効果ガスの排出量を算定するのはスコープ3では難しいことから、正確な排出量かどうかが焦点になるわけではない。

企業がどのようなデータを使い、どのような仮定や計算方法を使って算定しているのかを対外的に説明している通りに行っているかの確認になる。このため、企業ではそうした内容について、社内で詳細な記録を残しておかなければならない。企業の内部統制として、算定に使われるデータの入力や集計が正しく行われたのかを確認する作業、排出量のモニタリングや評価についてきちんと行われるように組織や人材の配置を整えていくことが不可欠だと見ておくべきである。

第三者保証には、「限定的保証」と「合理的保証」の2種類がある。前者は費用が相対的に低く保証に至る手続きが少ないが、後者は費用がかかるが検証にあたり包括的な情報収集が必要になる。限定的保証では、企業の報告書の責任者に対してデータ分析や算定に関連する質問等が中心で、必要に応じて追加的に閲覧や実査、立ち会い、観察、再計算、再実施等を要請し企業の内部統制を検証する作業になる。合理的保証では、企業の報告書作成にあたり、重要な虚偽表示がないかを確認するために、質問、データ分析、閲覧、外部情報や算定の記録の確認、立ち会い、検証者による再計算や再実施等を含む作業になる。

こうした保証はサステナビリティ報告書や統合報告書に添付される。企業は限定的保証から合理的保証に段階的に転換していくことが期待されている。世界的に、限定的保証を選択する企業が多い。第4章でふれるが、欧州連合(EU)は、企業の情報開示に限定的保証を義務づけることを始めている。

国と企業の正味ゼロ目標はどう違う

ここで、国が温室効果ガス排出量について正味ゼロ目標を設定するのと、企業が温室効果ガス排出量について正味ゼロ目標を設定するのとでは、意味が少し違うことを改めて確認しておこう。

国の場合、自国の領域における生産・経済活動等からの温室効果ガス排出量を算出する。世界では日本を含め140か国以上の国が、遅くとも2050年（中国は2060年、インドとインドネシアは2070年）までに正味ゼロの実現を宣言している。ここでの正味ゼロとは、国の温室効果ガス排出量から除去した排出量を差し引いた排出量を示している（第1章の図1−4を参照）。

一方、企業については、世界の最大手企業の3分の1程度が正味ゼロ目標を掲げているとされている。大企業の温室効果ガス排出削減では、世界で生産・営業活動を展開していることが多いため、国外の子会社・関連会社等の排出量を計算する。しかも自社の排出量だけでなく、国内外のサプライヤーから調達した原材料や設備あるいはそれらの輸送にかかった排出量や自社の製品・サービスの販売先やユーザーの利用にかかる排出量や廃棄にかかる排出量も算定して計上する。既に説明したように同じ排出量が複数の企業の異なるスコープで計上されるため、それらを合計すれば当然世界の温室効果ガス排出量を大きく上回ることになる。

このため企業の排出量の算定は、国レベルの排出量と整合的にすることが目的ではないことを理解しよう。各企業が直面する気候変動リスク、とくに「移行リスク」が生産工程のどの段階にあるのか、どの国の拠点で大きいのかを知ることで、気候変動の緩和に努めていくのに役立てるために実施している。大幅な排出の原因が分からないと効果的な削減対策ができないため、算定作業は欠かせない。

また企業の場合、スコープ1の排出量については、商用車のEV等への買い替えのほか、別の生産方法を開発したり、工場にCCS施設を設置することで温室効果ガスの回収を検討できる。また、電力会社から再生可能エネルギーを購入したり、自家発電した再生可能エネルギーを使ってスコープ2の排出量を減らすことも可能だ。できるだけ排出量の少ない原材料・機械や輸送手段の利用を増やすことでスコープ3の排出量も減らすことも考えられる。

しかし、これらの努力だけではスコープ1、2、3の排出量を十分削減できない場合も多い。そこで、企業は「カーボンクレジット」を第三者から購入して自社の排出量から相殺(オフセット)することが行われている(第6章を参照)。カーボンクレジットは、第三者がプロジェクトを通じて排出削減あるいは排出の回避や回収した部分を一定の基準をもとにカーボンクレジットとみなし、独立した組織から認証を受けて発行されたものである。自社の排出量から購入したカーボンクレジット分をオフセットして、事実上自社が減らしたように扱うことが世界で行われている。

世界で進む気候関連情報開示の標準化

気候関連情報の開示で重要なことは、世界で標準化が進みつつあることだ。

標準化に向けた最初の動きは、G20の支持を受けて世界の金融当局から構成される金融安定理事会(FSB)が「気候関連財務情報開示タスクフォース」(TCFD)を創設し、そのTCFDがガイドラインを策定したことである。G20は、米国、EU、日本、中国、インド、ブラジル等の主要国・地域が参加するグループである。TCFDは、マイケル・ブルームバーグを委員長として設立され、2017年にガイドラインを公表し、2021年に改訂している。ガイドラインはTCFD提言と呼ばれている。

FSBをはじめ、世界の金融当局は気候変動が重要な「金融リスク」であるとみなしている。つまり、銀行や保険会社等は、投融資先の企業が気候変動リスクに直面し、損害・損失を被るようになると融資が焦げついたり、投資した証券の価格が暴落する可能性がある。そうした銀行が増えれば、「金融システムの安定」が損なわれる恐れがある。だからこそ、金融機関が気候変動リスクを十分考慮してできるだけ正確な情報の下で適切な投融資判断ができるようにするために、投融資先である企業を含めた情報開示のガイドラインが策定されたのである。

こうしてTCFDガイドラインを通じて世界の標準化を進める狙いがあったが、企業の自発的な開示に委ねたため、標準化は実際にはあまり進まなかった。TCFDガイドラインの開示を、上場企業に段階的に義務づける準備を進めていた国・地域は、シンガポールや香港等ごくわずかである。国によっては他の民間組織の開示基準を優先して自国の上場企業に対して取り入れている国も多く、開示基準が乱立する状況になり抜本的な改善にはつながらなかった。

日本の大手企業の間では、TCFDガイドラインがよく知られている。経済産業省が音頭を取って企業にガイドラインへの賛同を促したこともあり、賛同する企業・機関が世界で5000社近くある中で、1500社近くの日本の企業・機関が賛同を表明している。東南アジア地域では必ずしもTCFDガイドラインの認知度が高いわけではない。

国際サステナビリティ基準審議会(ISSB)の開示基準が国際標準へ

こうした中で、2023年6月に大きな進展があった。「国際サステナビリティ基準審議会」(ISSB)が開示基準を発表し、各国・地域がその採用の義務化に向けた動きを始めたのだ。

ISSBは、国際会計基準(IFRS)を策定するIFRS財団が設立した組織で、世界の多くの国や企業が財務会計基準としてＩＦＲＳを採用している。ＩＦＲＳ財団がＩＳＳＢを２０２１年に設立した理由は、ＥＳＧ情報の開示に関して様々な開示基準・枠組みが乱立しており、企業はそれらを自由に選んで、しかも部分的・裁量的に採用して開示することが多かったからである。こうした基準や枠組みのほとんどは、非営利組織や民間団体が策定したものである。

ＴＣＦＤガイドラインも任意であるため、部分的に採用する企業も多く標準化が進まなかった。そこで、ＴＣＦＤガイドラインをベースに、いくつかの既存の開示基準・枠組みを統合して標準化すべきとの世界の投資家の強い要請を受け、かつ多くの国・地域の支持を受けてＩＳＳＢが設立されている。

ＩＳＳＢは、２０２３年に２つの開示基準を発表している。最初の基準（ＩＦＲＳ Ｓ１）は、サステナビリティ全般に対する開示基準で、開示に至る詳細なプロセスの開示について規定している。本書で注目する開示基準は、気候に関連する２番目の開示基準（ＩＦＲＳ Ｓ２）である（ISSB 2023）。世界が注目しているのも、この２番目の基準である。

ＩＳＳＢ開示基準は、ＴＣＦＤガイドラインを踏襲しつつも、温室効果ガス排出量や排出削減目標についてより詳細で広範囲な開示を要請している。また、ＩＳＳＢ開示基準は、引き続き任意ではあるが、ＴＣＦＤの経験を踏まえた反省と投資家からの要請により、多くの国・地域が主に上場企業に対して法律により義務化することが期待されている。

ＦＳＢに加えて、世界の大半の国・地域の証券市場関連の規制当局が加盟する「証券監督者国際機構」（ＩＯＳＣＯ）がＩＳＳＢ開示基準に対して明確な支持を表明している。このことから、ＦＳＢやＩＯＳＣＯのメンバーである金融当局が中心となって、企業に対する気候関連情報の開示の義務化を進めていくと期待されている。

ＩＳＳＢ開示基準は、２０２４年１月から始まる年次報告期間に適用され、企業は２０２５年にこれらの基準に基づいて開示を行うことになる。ＩＦＲＳを採用している国は別として、ＩＦＲＳを採用していない国では、サステナビリティや気候に関する情報開示についてＩＳＳＢの開示基準の採用を義務化するかどうかを決めることになる。義務化されなかったり、義務化しても一部の上場企業に限定して適用したり、義務化を決めても施行が数年後になる場合もありうる。

既に、日本のようにＴＣＦＤガイドラインに沿ってある程度開示を行っている企業が多い国では、ＩＳＳＢが示したより詳細な開示項目に焦点を合わせて、開示内容の拡充を図っていくのがよい。ＴＣＦＤガイドラインとは別の開示基準を採用している国や企業の場合、相互互換性についての情報を得る必要があるかもしれない。だが、投資家のニーズに即した情報開示をするためにISSB開示基準が広がっているという観点からみれば、互換性に時間を割くよりも、既存のサステナビリティレポートや統合報告書の中でISSBの枠組みに沿って開示を進めていくページを新たに設けるほうが重要だと思われる。

現時点でISSB開示基準を採用する予定の国・地域は、英国、豪州、カナダ、ブラジル、日本を含めて18か国・地域になる。

日本では、若干修正して日本版ISSB開示基準をつくり、2024年3月に草案が示されている。2025年3月末までに最終基準を公表することが見込まれている。金融庁は東京証券取引所のプライム市場上場企業に対して、有価証券報告書において最終基準にもとづく開示を義務づける予定である。まずは時価総額3兆円以上の大手企業から、2027年3月期またはその1年後から段階的に義務づける案を示している。最終的にはプライム市場の1647社程度のほぼ全ての上場企業が対象となると見込まれている。

東南アジアの中には、金融当局がISSBの開示基準に沿って、必要な開示項目を記入できるテンプレートを開発し、これをもとに企業にインターネットでの開示を義務づける準備を進めている国もある。テンプレートがあれば開示の標準化がさらに進み、企業負担も緩和できるし、投資家にとって有用な情報が得られやすくなる。また東南アジアの中には、上場していない大企業にも開示を義務づける計画を進める国もある。アジア全体として開示に向けた気運が高まっている。

ESG情報の開示は「4つの柱」が世界標準

TCFDは毎年進展報告書を公表しているが、2024年からはIFRS財団に引き継がれることになり、TCFDの役目は終了している。以下では、まず初めにISSB開示基準に引き継がれたTCFDガイドラインの基本的な枠組みについて概要を説明しつつ、新たに盛り込まれた主要なポイントについても解説する(Shirai 2023b, 2023c)。

ISSB開示基準は、TCFDガイドラインで示された、4つの柱に沿って順番に開示していかなくてはならない。4つの柱とは、「ガバナンス」、「戦略」、「リスク管理」、「指標と目標」である。4つの柱は気候関連だけでなく、将来的には生物多様性、人的資本、人権等の開示でも用いられることになる。4つの柱は、図3-3のような関係にある。

企業が排出削減に向けて行動していくには、企業のガバナンス体制をしっかり整えることが欠かせない。このため「ガバナンス」項目では、事業に関連した気候変動のリスクと機会につ

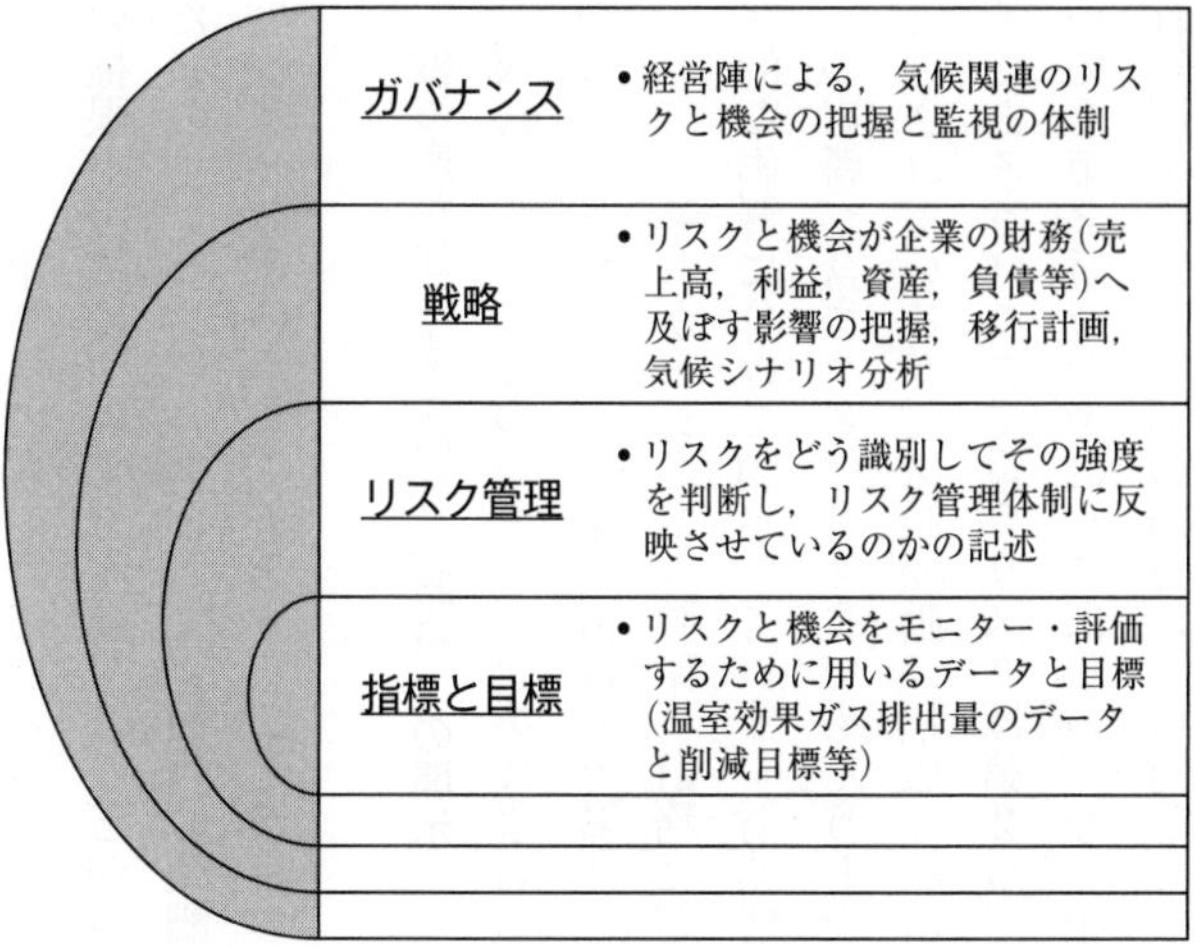
ガバナンス
• 経営陣による，気候関連のリスクと機会の把握と監視の体制
戦略
• リスクと機会が企業の財務(売上高，利益，資産，負債等)へ及ぼす影響の把握，移行計画，気候シナリオ分析
リスク管理
• リスクをどう識別してその強度を判断し，リスク管理体制に反映させているのかの記述
指標と目標
• リスクと機会をモニター・評価するために用いるデータと目標(温室効果ガス排出量のデータと削減目標等)

出所：筆者作成

図 3–3　気候関連情報開示の基本的な枠組み(TCFD ガイドラインと ISSB 開示基準)

いて取締役会がきちんと理解して監視しているのか等、リスクと機会を評価・管理する上での経営者の役割や責任をどのように定めているのかを記述することが求められている。取締役会あるいはその傘下に特定の委員会(例えば、サステナビリティ委員会)を設置し、同委員会からどのような頻度で報告を受け、指標・目標の進展度をどのように監視しているのか、並びに企業の事業計画、リスク管理、年度予算等に気候課題をどう織り込んでいるのかといった実施状況を説明する。企業が定期的に行っているリスク管理委員会で、どのように気候リスクを取り扱っているのかの記述も望ましい。

そして、第2章でもふれている「チーフ・サステナビリティ・オフィサー」を任命して、その権限や実践についてを記述することが重視されている。気候変動問題への取り組みを強めるためのインセンティブとして、役員の報酬の一部に温室効果ガス排出量の削減目標の進展度を反映させるといった工夫をすることが良いとされており、そうした記述も望ましい。

投資家が注目するのは「戦略」の開示

次に「戦略」については、企業による気候変動対応への本気度を示していくうえで重要と位置づけられている。企業が直面しうる主な気候関連のリスクと機会について洗い出したものについて、それがビジネス・戦略・財務にどのような影響を及ぼしうるのかを、実際の影響と潜在的な影響に分けて開示していく。財務情報には、売上高、利益、キャッシュフロー、資産等への影響が含まれる。あくまでもそうした情報が企業の財務にとって重要な場合に開示することとされているが、気候変動は幅広く経済や企業に影響するため多くの企業は開示が必要になるであろう。ここで言うリスクは第2章で説明した気候変動の3つのリスクであり、機会についても第2章を参考にしてほしい。なお企業が直面しうる気候関連のリスクと機会は、それぞれ短期・中期・長期の観点から検討して説明する。ただし、ＩＳＳＢは短期、中期、長期の時間軸をあえて明確にしていないので、企業が判断することになる。例えば、長期は２０５０年まで、中期は２０３０年までといった期間が想定されると思われる。

加えて、ＩＳＳＢが重視する開示項目は「移行計画」と「気候シナリオ分析」である。これは投資家の関心が非常に強いことが背景にある。

移行計画では、主要なリスクと機会に対して、どのように対応しているのか、対応していく計画なのか具体的な情報を明記するのがよい。例えば、新しい投資計画、資産の購入や処分、企業の買収、市場開拓のための対策、雇用・人事、新しい部署の設置・部署の再編、サプライヤーとのエンゲージメント計画等が含まれている。後述する「指標と目標」の項目では、温室効果ガス排出量データの開示や削減目標について短期・中期・長期の設定が必要になるが、それらの目標の達成に向けた具体策も含まれる。

気候シナリオ分析では、企業のビジネスモデルが気候変動リスクに十分対応力があるのか強靭性を確認するために行い、その開示が求められている。将来想定しうるいくつかの温暖化シナリオを用いて、それぞれのシナリオの下で企業のビジネスモデルや財務がどのような影響を受けると予想されるのか、可能な限り具体的な数値を用いて財務への影響等を試算するのが望ましいとされている。「温暖化シナリオ」とは、今世紀末までに世界平均気温が工業化前と比べて3℃を大きく上回り、気候変動の物理的リスクが大きく高まっていくシナリオがよく用いられている。世界平均気温上昇を1.5℃に抑制するシナリオでは、世界各国が必要な政策(例えば、カーボンプライシングの拡充、環境規制、脱炭素・低炭素化に関連する公共投資や補助金の支給)を今から着実に実践していくシナリオ等が考えられる。それぞれのシナリオの下で、企業の財務に及ぼす影響は当然大きく異なるはずである。

国際エネルギー機関(IEA)や多くの国の中央銀行・金融当局で構成される「気候変動リスク等に係る金融当局ネットワーク」(NGFS)等が、いくつかのシナリオを用意しているので、企業はそれらを参考にできる。それに、自社の固有の状況や特徴等も反映させたシナリオの下で分析を行うのがよいとされている。正しいやり方があるわけではなく、気候変動が自社の財務にもたらす様々なリスクをより深く理解し、今からそれらのリスクに備えつつ経営判断に生かしていくことが目的とされている。

3つ目の柱の「リスク管理」では、企業にとって重要な気候変動リスクをどのように識別して、相対的な重要性を評価し、管理しているのかそのプロセスを説明する。ここには、政府が温室効果ガスの削減を進めるための新しい規制やその導入の見通し等も含まれる。気候変動リスクは、通常の企業のリスク管理体制の下で扱う様々なリスクのひとつとして統合して管理していくことが求められている。洪水や台風のような物理的リスクは既に顕在化しており短期的にも管理しておくべきリスクもあるが、温暖化や海面上昇といった徐々に起きておりしだいに悪化していく物理的リスクもある。移行リスクのように長期的にリスクが顕在化していく可能性が高いものもある。このため、通常のリスクよりも長期の視点での管理が必要になる。

温室効果ガス排出量データの開示要件は厳格化

4つ目の柱である「指標と目標」では、具体的な指標と数値をもとに、企業の取り組み姿勢を確認できるので、投資家が最も重視する開示内容となる。ＩＳＳＢの開示基準では、温室効果ガス排出量を重視しており、スコープ1、2、3に分けて開示し、しかも「絶対量」(CO_2換算のトン表示)で示さなくてはならない。排出量算定に用いた測定方法、用いた情報、算定に使われた仮定等も説明しなくてはならない。

排出量の絶対量での開示を原単位よりも優先するのは、排出削減への貢献度が分かりやすいからだ。原単位(例えば、売上高や生産量単位当たりの排出量)で開示をすると、売上高や生産量の1単位当たりの削減量が減っていれば、削減しているように見える。絶対量の場合は、売上高や生産量が増えていると原単位での削減が大きく進まない限り排出量を減らすことができない。このため、原単位よりも厳しい基準となる。それだけ企業に排出削減努力を促す狙いがある。

こうしたデータは、連結とそれ以外の関連会社等に分けて、開示する必要がある。念頭に置いておくべきことは、ISSBでは全セクターの企業に適用される7つの指標の開示が義務づけられていることである。この中の最初の指標が、既に指摘した温室効果ガス排出量である。これらの指標については、以下のとおりである。

企業に求められている7つの開示項目

①温室効果ガス排出量(絶対量)
②企業のビジネス活動で気候変動の移行リスクにさらされている資産(またはビジネス活動)の金額と割合
③気候変動の物理的リスクにさらされている資産の金額と割合
④気候関連の機会に関連した資産の金額と割合
⑤気候関連のリスクと機会に対して実施した設備投資額や投融資額
⑥インターナル・カーボンプライシングについて、企業が投資判断や気候シナリオ分析

でどのような炭素価格を用いたかの情報

⑦ 報酬について、気候関連要因を執行役員の報酬に反映させているかに関する情報

このうち、インターナル・カーボンプライシングについては第2章でもふれている。また、これら7指標は可能な限り、第三者保証を受けることが望ましいとされている。

ごまかしがきかない排出削減目標の開示要件

「指標と目標」項目で、もうひとつ重要なのが排出削減の目標である。ここでは、絶対量でも原単位でもよいことになっている。排出量データと比べ、絶対量での削減目標の設定を推奨していないのは、業界によっては絶対量での削減が技術的に難しいセクターもあり、原単位で削減努力を示すことも重要との判断が反映されていると思われる。正味ゼロの目標の設定についても言及がない。これは準備が整わない企業が多いことへの配慮もあるように思われる。

ISSB開示基準の重要なポイントは、温室効果ガス排出削減目標については、「グロス」なのか、「ネット」(正味)なのかを明記しなくてはならないことにある。ネットで示す場合は、グロスの目標とともに、排出量から相殺するカーボンクレジット等についてどの程度排出をオ

フセットするのに利用しているのか、利用する計画なのかを説明する必要がある。

第三者から購入するカーボンクレジットの特徴(例えば、森林再生等による炭素吸収分等の自然ベースのものなのか、CCUSやDAC等による技術ベースなのか)、そしてそれらのカーボンクレジットは発行される際に第三者認証を受けたものなのかといった説明が必要である(第6章を参照)。また、目標はスコープ1、2、または3をカバーしているのか、CO_2等どの温室効果ガスを含めているのかも明記しなくてはならない。

企業が自ら排出削減の努力を行わずに、第三者からカーボンクレジットを購入して目標を実現しようとする行為をできるだけ回避するための要件と理解すべきである。投資家は企業の気候変動のリスクと機会への対応力や計画をもとに正しい投資判断をすることを望んでいるため、こうした明確な情報開示の要請は世界で強まっていると理解しておくことが大切である。

ISSBの開示基準は削減目標についても第三者保証を得ることを推奨しているが、これについては各国・地域で義務づけるかどうかを決めることになっている。

カーボンフットプリントと中小企業

温室効果ガス排出量は、既に見てきたように、企業全体のサプライヤーを含む排出量を示している。

これとは別に、カーボンフットプリントという言葉もよく耳にするが、これは、企業が提供する主な商品・サービスごとにライフサイクルの過程で川上から川下までの段階で排出された温室効果ガスの排出量を指している。正確には、製品・サービスごとのＧＨＧ排出量から回収量を差し引いた値をＣＯ$_2$換算でトン単位にしたものである。スコープ３排出量は企業のバリューチェーン全体の排出削減余地がどこにあるのか把握・追跡しサプライヤーに働きかけるために算定されるが、カーボンフットプリントは削減余地があると見られるいくつかの主要商品を対象にすることを目的とする。これらの算定方法は基本的には同じであり、当然、データの重複もある。この他にプロダクトライフサイクル会計があるが、これはカーボンフットプリントに加えて資源利用や水不足、有害物質、オゾン層の破壊、酸性化等の幅広い環境への影響を取り扱っている。

企業は主要な商品・サービスごとにカーボンフットプリントを知ることで、環境意識の高い顧客ベースを開拓したり、具体的な削減方法をより深く検討することが可能になる。

政府が中小企業の開示支援を行うこともできる。例えば、東南アジアのある政府は、企業が商用車のガソリンや軽油の年間消費量や年間電力購入量を入力すると、カーボンフットプリントを算出できる無料ウェブサイトを公開している。運送会社であれば、ガソリンや軽油の消費量はスコープ1、購入電力量はスコープ2に計上される。排出係数は電力は自国のデータ、それ以外は国内で入手できないため米国環境保護庁(EPA)の排出係数を用いている。

中小企業は、日本でも世界でも企業の大半を占めている。今後は、大手企業が温室効果ガス排出量やカーボンフットプリントの開示をしてそれらの削減に努めるようになるので、中小企業も影響を受けることになる。大企業にとって中小企業との取引は原材料、物流、包装、生産、マーケティング、小売を含むスコープ3の活動、および製品別のカーボンフットプリントのどこかに含まれることが多い。このため、中小企業も気候関連の情報開示の世界的トレンドを知り、スコープ1と2における開示の準備を始めたほうがよい。またそうすることで世界から新しい取引先を獲得する機会にもなりうる。

世界が重視する「科学的根拠」に基づく排出削減目標

現在、多くの企業は独自に温室効果ガスの排出削減目標を掲げている。しかし、目標設定に用いる基準年や原単位目標で使う単位が異なっているうえに、削減目標がパリ協定目標、とくに世界平均気温上昇を今世紀末までに(工業化前と比べて)「1.5℃に抑制する目標」と整合的なのかが投資家には分かりにくい。

そこで、企業の信頼性を高める方法として、自社の削減目標についてパリ協定と整合的かどうかの認証を受けることを世界は重視するようになっている。とくに、Science Based Targets（SBT）イニシアティブから「科学的根拠に基づいている目標」との認証を受けた企業を評価する投資家が多い。同イニシアティブは、CDP、国連グローバル・コンパクト、世界資源研究所、世界自然保護基金（WWF）が共同で開発したアプローチにもとづき、1.5℃目標と整合的かを認定する。企業に目標とカバーする範囲、目標年、基準年を設定してもらい、提出されたデータに基づき、その目標が短期と長期で1.5℃の上昇抑制と整合的な排出削減の道筋に沿っていることを認証している。正味ゼロの設定目標年は、短期（5年未満）、中期（5年から10年、例として2030年まで）、長期（例えば、2050年まで）が考えられる。第1章で説明したカーボンバジェットの考え方に沿って認証している。

SBTイニシアティブは、企業によるスコープ1、2、3の排出量の削減に加えて、それを超えて社会あるいは世界の排出削減に貢献することを奨励している。カーボンクレジットによって目標を達成することは原則認めていない点に、注意する必要がある。カーボンクレジットの購入は、自社の排出のオフセットよりも、バリューチェーンを超えてさらに追加的に排出削減の努力をする行為とみなされている。これを「バリューチェーンを超えた緩和」(Beyond Value Chain Mitigation)と呼んでいる。

デジタル技術と温室効果ガスの測定

ここ数年の間に、温室効果ガス排出源の測定において、衛星、ドローン、飛行機、陸上の遠隔センサー、モノのインターネット(IoT)、ソーシャルメディア等からのデータを利用し分析することが可能になっている。これらの機器は膨大な量のデータを生成するので、それらを処理し分析するには人工知能(AI)の技術が不可欠である。AIは、従来のように詳細なプログラムを明示的に書くのではなく、過去の大量のデータ(例えば、画像・写真、文字、数字)を活用し、データに基づく機械学習アルゴリズムを通じてデータや画像を解析し、シミュレーションを行うことができる。AI技術は常に進化しているため、性能も常に向上している。

AIや衛星画像を使って大量のデータを分析する能力が大きく向上したことで、CO_2やメタン排出の監視能力が飛躍的に向上している。例えば、森林の炭素吸収量を測定することが可能になったことで監視が容易になっている。従来は森林の炭素吸収量を測定するには、数年に一度の間隔で専門家を派遣し、森林のサンプル地区を設定して木の幹等を測定し、炭素吸収力を算定していた。これでは時間と費用がかかり、またサンプル地区以外での森林伐採や森林劣化による炭素吸収力の減少部分を測定できないという問題もあった。

最近では、ＡＩ技術を用いてレーダーや衛星画像を活用し、森林や植物に固定されたバイオマス炭素量をリアルタイムで正確かつ低コストで監視ができるようになり、森林の保護や再生の判断に貢献している。さらに、カーボンクレジットに関しても、森林再生等の自然ベースのカーボンクレジットの発行において、より高精度なデータと情報を提供することで市場の発展に寄与することが期待されている。

ＡＩ技術や衛星画像等も使うことで、道路上の車両通行量、貨物船・タンカーの航海距離、発電所から放出される水蒸気などたくさんのセクターや活動から、リアルタイム、あるいはほぼリアルタイムに大量のデータを集めて温室効果ガス排出量を計測し、分析・集計することができるようになっている。こうした排出量データは、政府や企業が排出量や削減効果を迅速により正確に評価するのに今後大きく役立っていくと考えられている。サプライヤー等を含むスコープ３の排出量や、商品のカーボンフットプリントの算定にも大きく貢献していくであろう。

また、ＡＩ技術は、風力、太陽光、波力エネルギーのように一日の変動が大きい電力の予測についても、気候モデルのコンピューターシミュレーションに利用されている。天気予報や風力の予測の精度が向上し発電供給量の予測力が高まれば、需要側の調整を迅速に行うことで需要と供給のミスマッチを減らし円滑に電力供給ができるようになる。また、地熱エネルギーでは、ＡＩを駆使して、貯留、探索、採掘、生産に寄与すると考えられている。ＡＩを使って、発電所の施設の補修をいつ頃するのがよいかといった予測にも活用できる。

最近注目が集まる「削減貢献量」とは

最近話題になっている、「削減貢献量」について紹介しよう。企業がスコープ1、2、3の排出量を削減するには、従来の原材料や設備の調達から生産方法、ユーザーの利用、廃棄までを考慮して全体的に見直しが必要となるため、コスト感が強まりやすい。また削減を意識するあまり、新しい投資や経済活動が阻害されるとの懸念も広がっている。

そこで、削減貢献量として、ある技術を採用したり、投資をすることで回避される予想排出量をもとに企業の貢献度を見ていくべきとの考えが企業の間で支持を得ている。削減貢献量をスコープ4と呼ぶこともあるが、スコープ1、2、3と本質的に異なることを理解しておくべきである。

スコープ1、2、3の排出量は、実際の大気に排出される温室効果ガス排出量である。こうした排出量データを、企業の基準年と比べてどれだけ減ったのか、正味ゼロ目標と比べてどの程度削減できているのか進展度を示すことが開示の中心となっている。図3-4は、スコープ1、2、3の排出量の合計が毎年減っていくことを想定した事例を概念図として示している。

削減貢献量の発想が支持を集めているのは、排出削減につながるような企業のイノベーションをもっと促すことができるとの考え方がある。自社のスコープ1、2、3の排出量に焦点を合わせるあまり、将来的には排出削減につながっても足元で排出量が増えることを恐れて、技術開発や設備投資が進まないことへの懸念がある。

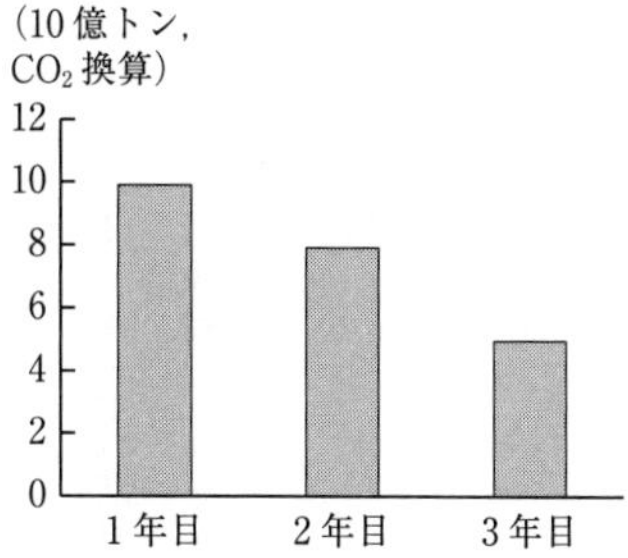

出所：筆者作成

図3-4　温室効果ガスの排出総量が減少するケース

例えば、電力会社が送電網を新しく設置したとして、当初は化石燃料源の電力が多く排出量が増えてもしだいに再生可能エネルギーの供給が増えていく場合を考えよう。当初はユーザー企業のスコープ2の排出量、電力会社にとってはスコープ3のカテゴリー⑪（販売した製品のユーザーによる使用）の排出量が増える。しかし社会全体あるいは長期的に見て電力会社の送電網への投資は大きな貢献をもたらすことになる。そうした将来の削減量の予想も入れて、送電網を新設しないときと比べた削減貢献量の予想を示すことが考えられる。

あるいは、電気自動車(EV)を製造する企業が、販売が増えて生産が大きく増えたとする。この企業の原材料(例えば、機器や鉱物資源)の調達先で化石燃料を使っているために排出量が多くなることがある。この場合、EVメーカーのスコープ3(上流)の排出量が増える。しかし、環境的な観点から見ればEVを普及させることは将来的に大きな貢献になるであろう。また調達先であるサプライヤーの再生可能エネルギーの利用が進めば、しだいにスコープ3の排出量も減っていくと考えられる。

また、同じEVに使われる蓄電池であっても、これまでのものよりも格段にエネルギー効率が高い製品を企業が開発する事例では、そうした製品が開発されない場合と比べて、社会や世界で温室効果ガスをより多く削減できる。この製品が広く普及していけば、それによる貢献量はこの企業のスコープ1、2、3で測られる削減量よりもはるかに大きくなる可能性がある。

あるいは新型コロナ危機以降に、国際会議や国内外での仕事の打ち合わせはバーチュアルに行うことが多くなっており、出張をしなくても済むことが多い。これにより出張にかかる交通・宿泊等での排出量が減り、同時に時間の節約にもなり、労働生産性の向上に貢献していると考えられる。こうした遠隔で行うサービスは、それを提供するサービス会社の温室効果ガス排出量（スコープ1、2、3）の削減自体はごくわずかかもしれないが、社会や世界の排出削減に大きく貢献している可能性がある。こうした貢献はスコープ3で十分把握されていないかも知れない。

その他の事例として、建築・住宅関係では、排出削減を可能にする冷暖房、断熱材、太陽光パネル等を使った場合は、そうでない旧式の建物よりも削減効果が大きい。

このように削減貢献量の考え方は、「回避された排出量」を予想・算定するので、スコープ1〜3のような実際の排出量と異なることが多い。ある特定のソリューションを使った場合のシナリオとそれを使わなかった場合の仮説的なシナリオ（ベースラインシナリオ）の比較によって貢献量を求めることになる。

図3‐5は、特定のソリューションによって今後予想される排出削減の道筋とともに、そのソリューションがない場合に予想される排出削減の道筋を概念的に示したものである。左図はソリューションの導入により最初から削減が可能となる事例で、削減貢献量はこの予想削減経路とベースラインとの間の領域になる。右図ではソリューションは当初は排出量を増やすことになるが、中長期的には削減が期待される経路である。この場合の削減貢献量は、ソリューションの導入によりベースラインより下回る領域から上回る領域を差し引いた分になり、将来を

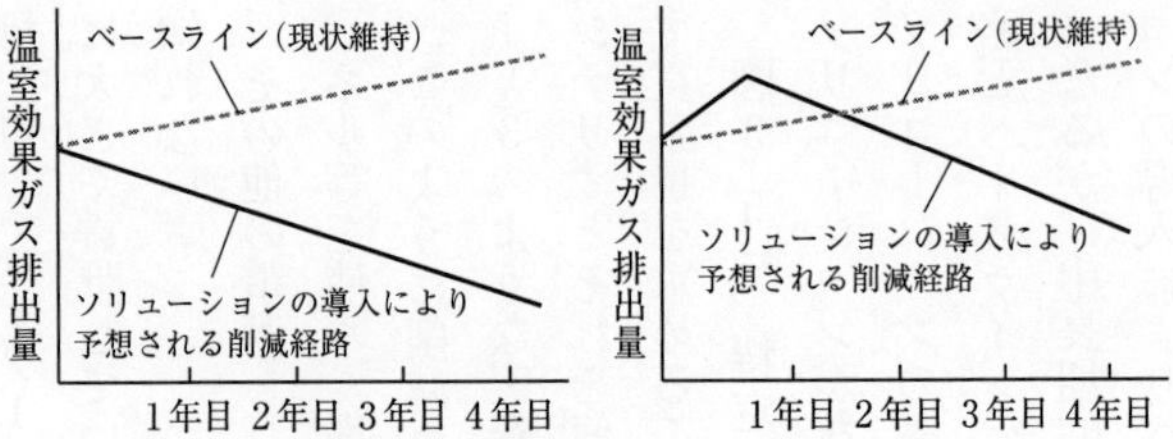

出所：WBCSD（2023）を参考に筆者作成

図 3–5　削減貢献量の考え方

含めれば全体として削減貢献量はプラスになることを示している。

削減貢献量は、ベースラインの推計と将来の削減分を予想する場合、企業によって数字が大きく異なる可能性もある。このため削減貢献量については賛否両論がある。ベースラインシナリオの設定によっては、削減貢献量が大きくなり過ぎる可能性もある。ベースラインシナリオを緩く設定することで排出効果を実態よりも大きく見せるようなグリーン・ウォッシングを企業に誘発するとの批判がある。ベースラインの設定について十分議論をし、コンセンサスを形成していくことが望ましい。

ただし、削減貢献量の開示が、スコープ1、2、3の排出量の代替になる可能性は低い。スコープ1、2、3の排出量はISSBの開示基準で最も重要なデータである点に変わりはなく、企業にはまずはこれらの情報開示に力を注ぐことを勧めたい。それらと並行して、補完的情報として削減貢献量の開示が進んでいくと見ておいたほうがよさそうだ。

削減貢献量は、持続可能な開発のための世界経済人会議(WBCSD)が推奨している。WBCSDには、世界の幅広いセクターの大手企業が加盟しており、企業による持続可能な開発への貢献を促し、世界の環境・社会等のサステナビリティ課題に取り組み、同時に収益を確保していくために支援するプラットフォームを提供している。WBCSDは、削減貢献量を1.5℃目標の達成と関連づけるべきであり、スコープ1、2、3と別に開示すること、企業のカーボンニュートラリティの主張に用いてはならないといった原則を示している。

第3章のポイント

サプライヤーの温室効果ガス排出量の把握は重要な企業戦略

- 世界の投資家が重視しているのが、温室効果ガス排出量の測定である。企業は排出削減目標を設定する前に、自社の生産・営業あるいはサプライヤーのどの段階でどれだけ排出しているのかを把握し、時系列データを作成することが重要である。
- 温室効果ガス排出量データは、スコープ1、2、3に分けて開示し、スコープ3については15種類あり、それらの開示が必要になる。企業は、自社の生産・営業活動に関わる排出量だけではなく、スコープ3においてサプライヤーや顧客の排出量をカバーすることになる。スコープ3を含めることで、企業が外注に変えることで自社の排出量を減らしたかのように見せかけることはできなくなる。企業の活動をできる限り網羅し、透明性や一貫性を高めて開示するGHGプロトコルが国際基準となっている。

●自社の排出量に関するスコープ1と電力の購入による間接的な温室効果ガスの排出量の算定は、相対的に容易である。センサーを工場につけて排出量を測定したり、自社の生産量や購入電力のデータは得られるので、排出係数と掛けて算出されることが多い。

●大半の企業にとって、スコープ3の排出量が最も多い。自社が直接コントロールできないサプライヤーやユーザーの排出量を含むスコープ3の排出量の算定には、多大な労力や費用がかかる。当初はサプライヤーが排出量を算定していないことが多いため、政府等が公表している排出係数(活動量1単位当たりの排出量)を使って、企業の活動量(例えば、サプライヤーからの購入量)を掛け合わせて算出することが多い。企業は排出量の多い生産工程や大手サプライヤーを優先してエンゲージメントを進め、排出削減やデータの開示を促していくことが期待されている。

●正しい温室効果ガスの排出量を算定することは想定されていない。重要なのはどのようなデータを使い、どのような仮定や計算方法を使って算定しているのかを明らかにし、社内で詳細な記録を残しておくことである。企業の内部統制として、算定に使われるデータの入力や集計が正しく行われたかの確認の作業、排出量の監視や評価がきちんと行われるように組織や人材の配置を整えておくべきである。スコープ1と2については、ある程度企業間の比較が可能であるが、スコープ3については各企業のバウンダリが異なっているうえに、多種多様な推計方法を使うため、企業間の比較はあまり意味がない。

●温室効果ガス排出量データについては「第三者保証」を得るのが望ましい。保証には「限定的保証」と「合理的保証」があるが、費用が相対的に低く保証に至る情報収集手続きが少ない限定的保証から始めることになる。

●気候関連情報を開示するにあたり大事なことは、ＩＳＳＢが策定した開示基準を理解することである。ＩＳＳＢの開示基準は、ＴＣＦＤガイドラインをベースにしている。ＩＳＳＢの開示基準は2種類あるが、世界が注目するのは気候に関連する開示基準（ＩＦＲＳ Ｓ2）である。ＩＳＳＢ開示基準は、温室効果ガス排出量や排出削減目標について、TCFDよりも詳細で広範囲な開示を要請している。ISSBの開示基準は任意ではあるが、日本をはじめ多くの国が、上場企業を中心に開示の義務化を進めていくと期待されている。

●企業は、排出削減目標がパリ協定目標と整合的で、「科学的根拠にもとづく目標」であるとの認証を受けることに努めたほうがよい。とくにScience Based Targets（SBT）イニシアティブによる認証に対する世界の投資家の評価は高い。

●スコープ1、2、3の排出量データとは別に、企業のイノベーションを促すために、「削減貢献量」の考え方が企業の支持を集めている。スコープ1、2、3の排出量だけに焦点を合わせると、将来的には排出削減につながっても一時的に排出量が増えることを恐れて、技術開発や設備投資が進まないことが懸念されている。削減貢献量は、ある技術革新があったとして、それによる将来の削減量を予想し、それがない場合のベースラインシナリオとの差で算定する。ただし、ベースラインシナリオが緩すぎると排出効果を実態より大きく見せることによるグリーン・ウォッシングを誘発するとの懸念もあり、算出方法について十分議論を行い、コンセンサスを形成するのが望ましい。

●削減貢献量の開示が、スコープ1、2、3の排出量の開示の代替になる可能性は低い。スコープ1、2、3の排出量は世界の開示基準で重要なデータとみなされることに変わりはないので、まずはこれらの開示に企業は力を注いだほうがよいであろう。補完的情報として、削減貢献量の開示が進んでいくと予想される。

第４章

企業経営の持続性に欠かせない「世界のトレンド」を知ろう

気候変動を含む環境問題は地球的課題である。このため毎年、国連気候変動枠組条約締約国会議(COP)が開催され、各国が取り組むべき政策や課題が議論されている。世界では日本、中国、米国、インド、欧州連合(EU)を含む140か国以上の国・地域が温室効果ガスを2050年前後までに正味ゼロへ削減する目標でコミットしているため、それに合わせて短・中期の排出削減目標を実現していかなければならない。

それと同時に、そうした排出削減の多くを担うのが産業であるため、企業は生産・営業活動が生み出す排出量を世界レベルで大幅に削減していく必要がある。こうした活動には多額の研究開発費や設備投資が必要なため世界の投資家を呼び込むためにも、また企業が新たな販売市場を開拓していくためにも世界のトレンドを知る必要がある。世界の動きを知り、それに取り残されずできるだけ先端を走ることがビジネスの持続性を高めていくであろう。とくに世界の気候関連の取り組みは広がっており、各国の経済事情でスピードが加速したり、遅れがちになることはあっても、進む方向は変わらないであろう。第4章では、企業が知っておくべき気候関連の世界の主なトレンドについて紹介する。

カーボンプライシングの拡充は世界的トレンドへ

温室効果ガスの排出削減には、企業による低炭素・脱炭素技術開発への投資が欠かせない。そのためには、それを後押しする政府の政策が一段と実行に移されることが重要である。世界では、第2章でもふれている「カーボンプライシング」と呼ばれる気候政策が、こうした企業の投資や研究開発の資金、人材をより多く、再生可能エネルギーや必要な技術開発に振り向けるのに最も効果的とのコンセンサスがある。

その理由は明快である。温室効果ガス排出量の多い化石燃料を使用することで企業が負担する費用を、再生可能エネルギーや低炭素エネルギーの発電費用よりも大きく引き上げていけば、「価格のシグナル」が自然と働くことで効率的な資源配分が実現できるからである。化石燃料を大量に使う企業は費用がかさむことで利益が減る一方で、相対的に費用が低い再生可能エネルギー等へと需要が大きく転換し、資金の移転が促されることになる。

カーボンプライシングはエネルギーの節約を促す効果もある。再生可能エネルギーの発電費用は大量生産や技術革新によりしだいに低下しているが、それだけでは化石燃料の消費を減らしたり、エネルギー全体の節約につながらない。そこでカーボンプライシングによって化石燃料利用に対する費用が高まるとの予想が形成されれば、企業は将来の利益低下を防ぐために今から削減努力を強めていくことにつながりやすい。

多くの国では、これまでカーボンプライシングの拡充よりも、排出削減につながる技術革新を奨励するための補助金の支給や税額控除、電気自動車(EV)の購入に対する補助金、EV充電網への投資、政府施設に太陽光発電設備の設置といった様々な政策を行ってきた。そのほか、省エネ規制や排ガス規制等により燃費・電費や低炭素車の製造を促す国が多い。

また、欧州、日本、中国をはじめ多くの国では再生可能エネルギーの導入当初は供給拡大につながる固定価格買取制度も積極的に行ってきた。発電業者が設備費用の回収見通しを立てやすくなることで供給拡大が促され、効果は見られている。

固定価格買取制度の費用は電力料金に上乗せされて徴収されるので電力利用者が負担することが多いが、補助金支給や公共投資は政府の歳出増加、税額控除は歳入の減少をもたらし、公的債務を増やすことになる。温室効果ガスの排出をこうした財政政策を中心に正味ゼロまで削減するにはもっと多額の財政支援が必要になる。しかし、２０２０年の新型コロナ危機以降の景気後退局面で、日本、米国、欧州等多くの国が大幅に歳出を増やしたことで公的債務が急速に増えている。高齢化による社会保障費も増えるなかでこうした政策に頼るだけでは、脱炭素社会を実現するのは難しいと考えられている。

そうした財政事情と排出削減につながる効果的な政策を考えると、カーボンプライシングをもっと拡充していくことが避けられないことが分かる。国際通貨基金(ＩＭＦ)は２０２３年の「財政モニター」報告書において、カーボンプライシングの拡充を遅らせると、公的債務が大きくなることを試算して警告を発している(IMF 2023)。

第2章ではカーボンプライシングを導入している国が世界的に増えていることを指摘したが、温室効果ガスの排出費用を大きく高めるほど炭素価格が引き上げられた国は少ない。排出量取引制度の排出権取引価格(炭素価格)を見ると、スイスが最も高く80ドル台(1万２５００円台)である。ＥＵや英国も同様の水準で推移していたが、足元では景気減速による需要の低迷と世界のガス供給が安定したことで、炭素価格は各々60ドル台と40ドル台へ低下している。一方、中国や韓国は10ドル前後で推移している。カーボンプライシングが緩慢なペースで実践されている理由は、排出の多いセクターでカーボンプライシングによって生産費用が上昇すると、モノやサービスの販売価格に転嫁されるため、インフレを引き起こすことへの懸念もある。多くの国では２０２１年から物価高騰に直面しており、さらなるインフレにつながる政策に対して市民や企業からの支持は得られにくく、政治的にも実践に向けたハードルは高い。

しかし、温暖化が急速に進む中で、今後は、世界各国では段階的にカーボンプライシングを拡充し、炭素価格が引き上げられていかざるをえないと予想しておいたほうがよいであろう。

どれだけ炭素価格を引き上げる必要があるのか

では、一体どれだけ炭素価格を引き上げる必要があるのだろうか。国際エネルギー機関(IEA)は、世界平均気温上昇を1.5℃に抑制するパリ協定目標を実現するために必要なCO_2換算1トン当たりの価格を試算している(IEA 2021)。単純化すると、将来必要な炭素価格は、2030年に130ドル(2万2800円)程度、2050年には250ドル(3万9000円)程度となる。途上国はこれらのドル価格よりも低い価格が想定されている。

このため、今後、各国は炭素価格を段階的に引き上げ、同時に適用対象とする排出の多いセクターを増やしていくことが期待されている。カーボンプライシングが世界各地で導入され拡充していくことで、温室効果ガスの排出が多いビジネスモデルは採算がとりにくくなる。このため、企業は化石燃料にあまり依存しない生産・営業体制を今からどのように整えていくかを検討し始めたほうがよいであろう。

ただしカーボンプライシングによって炭素価格が引き上げられるといっても、将来ずっと引き上げが続くわけではない。企業による大幅な排出削減を誘導するのに必要な炭素価格水準まで引き上げられれば、それ以上の引き上げは必要なくなるからだ。価格が上昇している局面で一時的にインフレが高まると理解しておくとよい。また再生可能エネルギーや低炭素エネルギーをもっと多く使い、そうしたエネルギーの供給費用が技術革新や規模の経済性によってもっと下がっていけば、炭素価格の大幅な引き上げは避けられ、インフレの抑制にもつながっていくと考えられている。

カーボンプライシングは、第2章で説明したように、主に炭素税と排出量取引制度で構成されている。炭素税は排出量の大きさに比例して課税するのですぐに税収の増加につながり、その歳入を排出削減のための補助金や低所得者支援に使うことができる。シンガポールの炭素税については第2章でもふれたが、2019年に導入され2023年まではCO$_2$換算1トン当たり5シンガポールドル（580円程度）の低い水準にあったが、2024～25年に25シンガポールドル（2900円程度）へ、2026～27年に45シンガポールドル（5200円超）へ、そして2030年までに50～80シンガポールドル（最大9300円程度）まで引き上げる計画である。このようにあらかじめ引き上げ計画を示しておけば、企業も計画的に対応がしやすい。

排出量取引制度の場合、最初の段階では企業負担を勘案して排出権を無償で配分するのが一般的なので、政府には歳入が入らない。しかし、排出権を無償から有償に切り替えて企業に配分するようになれば歳入が得られるようになる。

日本でも、2050年にカーボンニュートラルを達成、2030年までに温室効果ガス排出量を2013年比で46%削減するための政策手段として、2023年5月に「脱炭素成長型経済構造への円滑な移行の推進に関する法律」(GX推進法)を成立させている。この下で、事業者が排出するCO_2の費用を引き上げて、低炭素の製品や事業の相対的な付加価値を高めるためのカーボンプライシングを導入していく計画である。

具体的には、第2章でも示したGX-ETSに加えて、「化石燃料賦課金」と「排出量取引制度」の2つの仕組みを導入する。化石燃料賦課金については、2028年度から化石燃料の輸入事業者(すなわち発電事業者)等に対して、輸入する化石燃料の使用からのCO_2排出量に応じてある種の輸入税を適用することになる。これは後述するEUの国境調整税を参考にした制度になると見られる。一方、排出量取引制度については、2026年度から電力・鉄鋼・化学等、排出の多いセクターに対して本格的に稼働させる。そして、2033年度から有償オークションを通じた排出権の割当を段階的に導入する。当初はCO_2の排出権を無料で配分するが、2033年度から一部有償にして排出権を割り当て、その排出権に応じて特定事業者負担金を徴収する計画である。日本が想定する炭素価格はかなり低い(賦課金制度では10~20ドル前後)との指摘もあり将来的に見直しが必要になるかもしれないが、世界のトレンドに合わせてカーボンプライシング制度を拡充していくことにはなる。

世界に先駆けて導入されたＥＵの排出量取引制度

ＥＵは27か国で構成される経済や政治の連合体である。世界の温室効果ガス排出量の８％しか占めていないが、気候政策を包括的に推し進めている。世界のルールメーキングの頂点にたち、多くの国が政策を考える際に参考にしているため、国際的に業務展開をする企業はＥＵの動向を理解しておくことを勧めたい。

ＥＵ政府である欧州委員会は、世界に先駆けてカーボンプライシングを導入し、発電施設や工場や航空セクター等に適用している。２００５年にＥＵ排出量取引制度（ＥＵＥＴＳ）を導入して以来、段階的に改革を行っており、前述したように日本をはじめ世界の多くの国が導入を検討する際に参考にしている（白井 2022a）。排出の多いセクターによる温室効果ガスの削減を効果的に促すためには、排出量取引制度が強力な政策手段とみなされている。

排出の多い産業に対してそれら全体で排出可能な総量（上限）を決めて、段階的にその量を減らしていく。そして排出総量を決めると、発電施設や生産設備に対して、温室効果ガスを排出する権利（排出権）を配分する。これらの排出権は売買できるので、企業が排出を減らして余った権利を他の企業に売却して利益を得ようとするインセンティブを生み出せる。こうした仕組みは、「キャップ・アンド・トレード」方式という。

多くの企業が削減努力を怠ると余剰排出権へ需要が殺到するので、排出権取引価格が上昇する。また排出可能総量は段階的に減らしていくので余る排出権が少なくなり、排出権取引価格はしだいに上昇していくと見込まれる。企業は削減努力をしないと生産費用が上昇してしまうことが予想できるので、削減のための投資を行う意欲を生み出せる仕組みである。ただし前述したように現在の炭素価格は低下しており、価格変動が大きいのがＥＵＥＴＳの難点である。

この制度は、ＥＵ域内産業が規制対象になるので、ＥＵの企業が生産活動を域外で行って規制を回避する動きを誘発しかねない。そうなるとＥＵの製造業が空洞化し経済が停滞してしまう。こうした配慮もあって、これまでは排出権を無償配分することが多かった。

ＥＵ炭素国境調整措置(ＣＢＡＭ)が及ぼす日本の輸出企業へのプレッシャー

ＥＵＥＴＳに関連して、ＥＵが近く実施する予定で世界が注目する政策が、「炭素国境調整措置」(ＣＢＡＭ)である。いわゆる輸入関税である。ＥＵは２０５０年までに温室効果ガス排出量を正味ゼロに削減するため、２０５０年までに(１９９０年比で)55％削減することを公約している。さらに、２０４０年までに90％削減する新たな目標も検討している。大幅な削減を実現していくには、ＥＵ ＥＴＳを強化する必要があるとの合意がある。

これまではＥＵ ＥＴＳの下で排出権の無償配分が多かったが、企業によるさらなる削減努力を促すためには、排出総量を一段と減らすとともに、有償配分を増やしていくことが重要だと判断したのである。しかし、その結果、ＥＵ域内で生産する企業は排出が多い生産活動では費用が高くなってしまい企業収益に打撃を及ぼす恐れがある。世界の大半の国ではＥＵのような厳しい排出量取引制度を導入していないため、規制対象の産業においてＥＵ域内と域外の生産者の公平性を保つ必要がある。

そのため、ＥＵ域内生産者より温室効果ガス排出量が多い域外の生産者から輸入する場合には、２０２６年から排出量にＣＢＡＭが適用されることになった。排出量の多い輸入品は、日本や米国のような先進国であろうと途上国・新興国であろうと、ＥＵの輸入業者はより多くの税金を支払わなければならなくなる。その費用はＥＵにおける販売価格に転嫁されるので、排出量が多い輸出メーカーは価格競争力を失う恐れがある。

ＣＢＡＭは、排出の多いアルミニウム、セメント、肥料、電力、水素、鉄鋼等の輸入品に対象を絞って排出量に応じて課税される。現在は移行期間中で課税はされないが、２０２３年10

〜12月期からEU輸入事業者に対して輸入品に含まれる温室効果ガス排出量の報告を義務づけており、このデータの報告期限は2024年1月末であった。運用が始まると、EUへの報告を怠ったり、不正確なデータを開示した場合には、罰金を科される可能性がある。当然のことだが、輸入品の排出量がEU並みに少なければ、課税はなされない。

これにより、EU向けに対象産業の品目を輸出する日本企業は、排出量のデータを用意し輸入業者に提供しなくてはならない。ただしデータはスコープ1が中心となり、製品ごとの排出量(カーボンフットプリント)のデータを提供する。品目ごとに細かな事項や排出算定でカバーされる範囲(バウンダリ)が定められている。

EUの国内総生産(GDP)は、16・6兆ユーロ(約2800兆円)で、米国28兆ドル、中国18兆ドルに次ぐ第3位である。世界GDPに占める割合は、米国が25%、中国が18%、EUが15%程度である。世界経済はこの三大市場が中心となっており、しかも所得水準も高く法規制がしっかりしているEU市場は、日本企業にとっても魅力のある市場である。

EUがCBAMを導入するのは、域外生産者にも排出削減を促す狙いもある。この政策は、インド、マレーシア、南アフリカといった途上国・新興国から強い批判を呼んでいるが、こうした国で排出削減が誘発される効果も期待できる。EUのように巨大な自由経済市場をもつ地域だからこそ導入できる制度であり、その影響力も大きいと言えよう。

ＥＵの企業情報開示規制の動きを知ろう

日本企業の活動が世界に広がる中で、企業がすべきことは進出先の国でどのような開示要件が義務づけられようとしているのかを調査することである。第3章で紹介したＩＳＳＢの開示基準は、既にＥＵ、豪州、カナダ、英国、シンガポールや東南アジア諸国連合（ＡＳＥＡＮ）、香港、韓国、ブラジルが義務づける意向を発表している。後述するように、米国カリフォルニア州も２０２３年末にはスコープ１、２、３の排出量を含む開示を企業に義務づける法律が州議会で成立している。日本も２０２５年度までにＩＳＳＢ開示基準の日本版が最終的に確定し、早くて２０２７年３月期に段階的に義務化される見込みである。

企業は自社の国際競争力を高めるために、自発的にＩＳＳＢ開示基準を採用することができる。本社がある国の規制の動きを待たず、進出先の国・地域のアプローチを踏まえて、自発的に開示する日本企業も増えている。

企業によるＥＳＧ情報の開示でも世界の先頭を走っているのがＥＵである。なかでも世界の大手企業から注目を集めているのが、「企業サステナビリティ報告指令」（ＣＳＲＤ）である。その法律の下で詳細な開示内容を示した「欧州サステナビリティ報告基準」(ESRS)が策定されている。EUでは、中小企業を含めて5万社程度もの企業にESG関連の情報開示が段階的に義務づけられ、2024年から大企業にまず適用されており、開示は2025年から始まる。

重要なポイントは、日本を含め一定の要件を満たす外資系企業に対しても、詳細な情報開示を義務づけていることだ。EU域外の外資系企業でも欧州子会社がある場合、資産、売上高、従業員等の基準をもとにEU事業者として認定される場合には2025年からEUの子会社に対して適用され、開示は2026年から始まる。欧州子会社を持っていなくても、EU域内の売上高が一定以上を超え、その他のいくつかの条件を満たす外資系企業も2028年から適用され、2029年に開示が必要になる。どちらの場合も、2029年からは連結での開示が必要になると見られる。

ESRSは全部で12テーマから構成されており、一般的な事項で2つ、環境関連で5つ、社会関連で4つ、ガバナンス関連で1つのテーマから構成されている。全部で1000以上の指標が開示対象となる。気候変動については、ISSBの開示基準も含まれているが、温室効果ガス排出量のデータや排出削減の目標等の開示要件はより詳細な規定となっている。環境関連は、気候変動だけでなく、汚染、海洋資源・水、生物多様性、資源の利用・リサイクル等の開示が求められている。社会に関しては自社やサプライヤーの労働者の労働条件や権利の行使、コミュニティ、消費者・利用者に関するテーマで詳細な情報開示が必要になる。ガバナンスは企業の行動というテーマで開示が求められている。

全ての指標の開示が義務づけられているわけではなく、多くが企業にとって重大な場合に開示が必要とされている。ただし重大でないからとの理由をつけて勝手に開示をしないといった行動はとれない。重大でないという理由をきちんと説明する必要がある。とくに気候変動は重視されており、「広範囲にかつ経済全体に大きな影響を及ぼしている」ことから、重大でないと結論づけて開示しない場合にはその結論について詳細な説明が義務づけられている。大半の企業にとって重大でないとするのは難しいため、気候関連については事実上の開示義務ととらえたほうがよい。

CSRDのユニークな点は、開示全体についての第三者保証を義務づけていることにある。日本では大手企業がESG関連の情報開示で第三者保証を得る場合に、温室効果ガスの排出量、水の使用量、廃棄物処理量といった特定指標を自ら選んで、第三者の検証を受けるのが一般的である。EUでは個別の指標を超えて、開示全体に対する第三者保証が対象企業に義務づけられるので、開示要件が厳しい。最初は限定的保証を得ることから始めて、将来的にはより厳しい合理的保証へ転換していくことが期待されている。

ＥＵに子会社を持ち販売量が大きい日本の大企業は、既にＥＵの開示規定に焦点を合わせて２０２６年の開示に向けて準備を進めている。ＥＵの開示内容はＩＳＳＢ基準よりも幅広く基準が異なるので、ＩＳＳＢ基準とは別に開示が必要になる。

米国の反ＥＳＧ運動とグリーン・ハッシング

米国では、ジョー・バイデン大統領の下で２０２２年に施行された「インフレ抑制法」（ＩＲＡ）が、企業の排出削減に向けた気運を高めている。太陽光発電設備や蓄電池の設置、ＣＣＳやＣＣＵＳおよびＤＡＣ等の関連設備の建設、省エネ機器の購入、ＥＶとＥＶバッテリーやバッテリーの製造に必要な鉱物資源の生産等に対して、今後10年間におけるグラント、債務保証、税額控除等の優遇策を講じている。これにより、民間企業の脱炭素・低炭素関連の投資が加速しており、再生可能エネルギーの供給は増えている。家計や企業に対する太陽光パネル等の設置を優遇することで供給が増えれば、規模の経済性が働いて価格の低下につながり、普及が進みやすくなる。これらの政策の財政負担については８０００億～１・２兆ドル（約１２４兆～１８７兆円）との民間の試算がある。

こうした気候変動対応が進む一方で、米国では気候課題に取り組む民主党と反対する共和党の間に根深い溝が生まれている。２０１７年からの4年間大統領に就任した共和党のドナルド・トランプの下で米国はパリ協定から脱退し、ＥＳＧ投資を否定する動きが進んだ。その後、２０２１年に民主党のジョー・バイデンが大統領に就任すると、直ちにパリ協定へ復帰する手続きを踏んでその1か月後に復帰を果たした。一連の気候変動対応を推進しようと努めているが、共和党の猛烈な反対に直面している。

企業によるＥＳＧ対応が企業の中長期的利益に資するし、企業はさまざまなリスクに備えて今から対応をすべきと主張する民主党に対して、共和党は企業利益はＥＳＧ要素とは無関係と否定する。投資家が企業に対してＥＳＧの観点から圧力をかけるのは受託者責任の範囲を逸脱しており、独占禁止法を順守していないとの主張を展開している。化石燃料を生産するテキサス州やフロリダ州をはじめ共和党の地盤が強固な州では、州の年金基金等がＥＳＧ観点で運用することを禁止する法案も成立しており、資産運用会社や保険会社に圧力をかけている。共和党によるこうした「反ＥＳＧキャンペーン」は、２０２２年秋の中間選挙で、上院と下院での多数派を維持していた民主党が下院を奪還され、議会に「ねじれ」が生じてから強まっている。

これらの影響もあって、自社の製品・サービスについて排出量やその他のＥＳＧ対応についてあえて控えめにする企業や金融機関が増えている。こうした行為は、「グリーン・ハッシング」と呼ばれており、企業が環境対応を誇張するグリーン・ウォッシングとは正反対の意味である。気候変動への対応を少しずつ進める世界のトレンドとは真逆の動きだ。

グリーン・ハッシングは、激しい政党間の対立の中で企業や金融機関が振り回されるのを防ぐために、あえて開示をしないことを選択する傾向を生んでいる。それもあって大手の資産運用会社や保険会社が、投融資に関連する排出量を正味ゼロまで削減することを目指す投資家グループから脱退する動きが起きている。そうなると米国企業の排出削減努力も弱まり、グリーン関連の投資が抑制されるので気候関連のファイナンス市場の発展を妨げる恐れもある。

2024年選挙でトランプが再び大統領となり、共和党が上院と下院を制すれば、気候変動対応への動きに一段とブレーキがかかるであろう。2017年からの大統領時代に行ったように再びパリ協定から離脱し、政府や企業の気候対応を強く否定する立場をとっていくと見られている。

共和党が政権を握れば、前述したIRAで実践されている政策の多くが撤廃される可能性がある。ただし、IRAは大多数の民主党議員が賛同して成立したが、共和党議員もそれなりに賛成票を投じている。その理由は、減税が中心で企業負担が少ないこと、中国依存を減らして経済安全保障を強化する内容であること、ＣＣＳやＣＣＵＳの施設への支援は化石燃料の生産を続けることを可能にするからである。したがって全ての施策が撤廃されることはないとの見方もある。

いずれにしても気候変動対応は世界的なトレンドなので、世界市場を視野に入れる米国企業は排出削減の動きを緩めることはないであろう。第2章で示したアップルのような環境意識の高い企業は多い。

米国が興味深いのは、ベンチャーキャピタルが世界で最も発展しており、技術者や専門家が加わって未来型の技術に投資する資金が潤沢にあることだ。気候関連の技術に関するイノベーションもたくさん生まれている。実は気候関連でのスタートアップ企業は、米国が世界で一番多い。

先進的な動きを進める世界ＧＤＰ第5位のカリフォルニア州

米国が実に興味深い国であるのは、話がここで終わらないことだ。州政府の権限が日本よりも強く、州によって対応が異なることを知っておくとよい。最も注目されるのはカリフォルニア州の先進的な動きである。

EVメーカーの最大手テスラが成長した一因に、同州が行う自動車排ガス規制対策としてのクレジット制度があることはよく知られている。同州では、独自に「ゼロエミッション車規制」を導入しており、乗用車と小型トラックを同州の販売用に生産・流通させる大・中規模企業に対して、販売台数の一定割合をゼロエミッション車(EV、燃料電池車、プラグインハイブリッド車)が占めるように義務づけている。電力だけで走行できる航続距離が一定以上のゼロエミッション車を対象に、距離が長いほどクレジットが多く付与されている。しかもゼロエミッション車の販売台数の割合を段階的に引き上げている。

エンジン車の販売が多くてこの割合を達成できないメーカーは、未達成の部分についてクレジットを購入することで相殺しなければならない。テスラはEVだけを製造しているのでこの割合を大きく超えているため、超過分についてクレジットをたくさん受け取っている。このクレジットを他の自動車メーカーに販売することで収入を得ており、それを研究開発や設備投資の資金に投下している。テスラが2022年に販売したカーボンクレジットの収入は前年比21・5%増で、過去最高の17億8000万ドル(約2770億円)にも達している。この仕組みはゼロエミッション車の拡大に寄与しているため、他の多くの民主党地盤の州を中心に取り入れられている。

同州は2023年に、中・大型トラックについても、ゼロエミッション車への段階的な転換を図るため、新しい規制を導入している。例えば、宅配業者やアメリカ合衆国郵便公社等は、2024年からゼロエミッション車への移行を始める。移行期間は車のタイプにもよるが、2035〜2042年までと定めている。

企業の情報開示についてもカリフォルニア州は、米国をリードしている。2023年10月に全国に先駆けて同州で事業を行う10億ドル以上の年間売上高がある企業に、気候関連の情報開示を義務づける法案が成立している。2026年からGHGプロトコルに沿って、スコープ1と2の温室効果ガス排出量、その翌年からはスコープ3の排出量の開示が義務づけられる。カリフォルニアで営業をしていれば、日本を含む外資系企業の子会社にも適用される。

こうしたデータについては第三者保証が義務づけられる。スコープ1と2の排出量については2026年から限定的保証を得ること、2030年からはよりハードルの高い合理的保証を得ることが求められている。スコープ3の排出量については、2030年から限定的保証を得る必要がある。法律に違反する場合には罰金も科される。

さらに、別の法律も成立させており、カリフォルニア州で事業を行う企業に対して、5億ドル以上の年間売上高がある場合には、第3章で紹介したTCFDガイドラインに沿って、気候関連のリスクがどのように財務に影響を及ぼすのか、そしてリスク低減措置について開示を義務づけることになった。2年ごとに同州政府に提出する必要がある。カリフォルニアでは干ばつや山火事等が多発しており、物理的リスクが顕在化している。こうした開示は、企業の気候変動リスクに対する認識を高め、気候変動対応を加速させることが期待されている。

カリフォルニア州が先駆的に開示を進めることは注目に値する。同州は全米50州の中で最も豊かな州である。世界のGDPは、2023年の第1位が米国（28兆ドル、4360兆円）、第2位が中国（18兆ドル、2800兆円）、第3位がドイツ（4・4兆ドル、686兆円）、第4位が日本（3・8兆ドル、592兆円）である。同州のGDPは3・9兆ドル、608兆円で、日本を少し上回るほどの規模である。米国のひとつの州に過ぎないと軽んじるのではなく、大きな経済規模を持つ豊かな州であること、日本にも地理的に近い重要なマーケットであることを念頭に置いておくべきである。だからこそカリフォルニア州の動きは大きな影響を米国や世界に及ぼすことができる。

ここで米国の「証券取引委員会」（SEC）の開示に関する動きを紹介しよう。SECはTCFDガイドラインを参考にし、かつスコープ3排出量を含む開示を上場企業に義務づけるために2022年に草案を公表した。その後、最終規則を公表しようと努めたが、共和党議員による猛烈な反対にあって2回も公表日程を先送りした。

ようやく最終規則が2024年3月初めに公表されたが、スコープ3排出量を開示義務から除き、大幅に緩和された内容になった。スコープ1と2の排出量の開示についても一部の大企業にとって重大な場合に段階的に開示を求めることにした。大企業は、早くて2026年からスコープ1と2のデータについて開示が必要となり、第三者保証も限定的保証を2029年から、合理的保証は2033年から求めるとした。同規則に対して、共和党主導の多くの州から共同で訴訟が起こされている一方で、環境団体からは内容が緩すぎるとの理由で訴訟が起きている。その結果、1か月もたたないうちに、連邦訴訟へ対応するため最終規則の執行を一時的に停止している。

中国は世界をリードするクリーンエネルギー投資国

気候変動対応については、再生可能エネルギーやEVで世界をリードする中国の動きも知っておくことが重要である。中国は、電力セクターの石炭依存が大きいために世界の温室効果ガス排出量の3割を占めており、世界最大の排出国である。しかし、同時に、世界最大の再生可能エネルギーやEVの供給大国および消費大国でもある。

国際エネルギー機関（IEA）の報告書によれば、世界では、現在、過去30年間で最も速いペースで再生可能エネルギー源の発電能力が拡大しており、2023年に50％も増加したという（IEA 2024）。このペースであれば、2023年末のCOPで合意した、2030年までに世界の発電能力を3倍に増やす目標は実現が可能だと指摘している。ただし、2023年に増加した再生可能エネルギー源の発電能力の多くが、中国の太陽光発電と風力発電であったことも明らかにしている。

中国では太陽光発電の供給量が大きく伸びている。以前は米国、欧州、日本等の企業が高い競争力を持っていたが、価格の安さ、質の改善、良好な維持サービスから、現在では世界トップの生産・販売国になっている。しかも、国内では過剰生産に陥っているため、輸出をしないと国内だけではさばききれない。それが世界価格を下押ししており、気候変動対応を進めたい多くの国にとっては安く輸入できる一方で、他の国の企業が参入しにくくなっている。このため、エネルギー安全保障の見地からは中国一国に頼り過ぎないように、米国のIRAのように政府が補助金や減税によって自国や信頼できる国・地域の企業を誘致する動きが盛んになっている。

EVでも、中国の存在感が大きい。近年、世界でEVの販売が急増しており、2022年には販売台数が1000万台を超えて、新車販売の14％を占めるまでになっている。EVの世界三大市場は中国、欧州、米国だが、中国が世界のEV販売の6割を占めており、圧倒的なシェアを誇っている。世界中で現在利用されているEVの半分以上が中国にあるという。第2位の欧州市場では2022年に販売された車の5台に一台はEVが占めているが、中国製のEVに大きく依存している。2022年に中国製でかつ欧州市場で販売されたEVのシェアは16％になり、前年の11％から拡大している。第3位の米国市場もテスラをはじめEVの販売が増えているが、まだ販売台数全体の8％を占めるに過ぎない。

中国政府は2024年初めに、新車販売全体に占めるEVを含む「新エネルギー車」の比率を2027年までに45％まで高める目標を発表し、それまでの2035年までに50％と設定していた目標を前倒ししている。新エネルギー車とは、EV、プラグインハイブリッド車、燃料電池車のことである。2023年の新車販売台数全体に占める新エネルギー車の比率は32％で、予想以上に販売が伸びているため目標を引き上げている。中国最大手EVメーカーは「比亜迪」(BYD)で、昨年10〜12月の販売台数は米国のテスラを抜いて世界のトップとなっている。中国の人口が14億人と多く、世界最大のEV販売市場でもあるため、テスラも中国で生産をしている。

中国はEVだけでなく、バッテリーやバッテリーに必要な鉱物資源（例えば、リチウム、コバルト）の精錬・加工でも圧倒的なシェアを有している（第2章を参照）。

中国の急速な存在感の高まりは、習近平体制の下での中国政府が2015年に発表した産業高度化政策「中国製造2025」で10の重点項目を発表し、その中に新エネルギー車も含めて優遇税制や補助金等で厚く支援したことによる成果が大きい。中国製造2025では2025年までに世界の製造強国の仲間入りを果たし、2035年までに世界の製造強国の中レベルに達し、建国100年の2049年までに世界の製造強国のフロントランナーになるとの目標を掲げている。

米国のIRAにならい、中国からの「デリスキング」（中国への極端な依存によるリスクの低減）と成長・雇用の拡大を目指して、EUも新たな動きを見せている。2030年までにクリーンエネルギー分野の域内需要の少なくとも40%を域内生産でまかなうことを目指す「ネットゼロ産業法案」（NZIA）を2024年2月に成立させている。太陽光発電、風力発電、燃料電池、電解槽、バッテリー、グリッド技術、持続可能な代替燃料等を中心に域内供給体制を強化する。EUは中国の補助金調査にも着手し、中国から輸入されるEVに追加関税の適用を始めた。また、域内生産能力を高めるために公共入札において中国企業の参加を抑制したり、中国以外の国内生産メーカーへの補助金の提供を始めている。

今後も中国のクリーンエネルギーやＥＶ等での世界での存在感はますます高まっていくと予想されているが、巨大市場をもつ米国や欧州によるデリスキングの動向も知っておくことが、日本企業の国際戦略で不可欠になっている。また、米国では中国脅威論で超党派のコンセンサスがあることは見逃せない。先端技術とそうでない技術によって地政学リスクへの対応は異なるので、企業による情報収集も重要になっている。

なお、世界の三大市場である中国、ＥＵ、そしてカリフォルニア州を筆頭に米国の複数の州では、エンジン車の新車販売は２０３５年までに禁止されることも念頭に置いておこう。

化石燃料への依存度が高いアジア

アジアでは現在、世界の温室効果ガス排出量の4割程度、世界の石炭消費の6割以上を占めている。このうち、中国が世界最大の温室効果ガス排出国となっており、世界の排出量の3割を占め、世界の石炭消費の半分も占めている。しかし、中国を除いたとしても、アジアは今後世界で最も温室効果ガスの排出量が増えていく地域になると予想されている(白井 2024a)。

東南アジアや南アジアでは、経済成長が著しく人口も増えており、中国に代わる製造業拠点となりつつある国が多い。電力需要が大きく伸びており、供給が追いつかない状態にある。稼働して間もない新しい石炭火力発電所が多く、新設も続いている。このため、欧米のように石炭火力発電所の老朽化を待って投資資金を回収してから再生可能エネルギーへ転換するのでは、温室効果ガスの大幅な削減ができないという事情がある。

アジアで化石燃料が好まれるのは、インドネシアのように石炭生産国があることや天候に左右されず安定的にエネルギーを供給できることへの安心感があるようだ。さらに、再生可能エネルギーを使った電力供給が増加すると天候によって供給量が変化し、供給が多過ぎると電力網に負荷がかかるため、再生可能エネルギーの発電を制限しなければならない点が課題となっている。デジタル技術による電力の需給を予測・調整して効率的に送電するスマートグリッドや、バッテリーを使ってエネルギーを貯蔵するシステムへの新たな投資が必要なことも影響しているようだ。

今後はこうした課題を克服しつつ再生可能エネルギーの供給を増やし、石炭火力発電所については投資回収期間が到来する前にできるだけ再生可能エネルギーへの転換を図ること、既存の火力発電所については技術によりCO_2の回収が必要になるとみられる(石炭火力発電所の早期閉鎖については第5章を参照)。例えば、化石燃料と水素等の混焼のほか、CO_2の回収・貯留等がある。電力分野でのこうした技術利用、および商業化の可能性についてはまだ不確実性が高く、既存の化石燃料発電施設の固定化につながりかねないといった国際的な批判も根強い。大幅削減が技術・商業的に可能なのか実証実験を重ねてエビデンスを示していくことが信頼性を高めることにつながるであろう。

既存の火力発電所を稼働させながら排出削減を可能にするCCSやCCUSの技術は、安く天然ガスを生産できる米国、カナダ、豪州等で実施されている。米国では、再生可能エネルギーを活用した水素(グリーン水素)の製造も実証実験の対象となっている。日本では北海道苫小牧市で、日本初のCCSの大規模実証試験が国のプロジェクトとして実施されている。アジアは途上国も多く、資金・技術不足からこうした技術を使った実証実験にはもう少し時間がかかりそうだ。費用が膨大にかかることから、先進国政府や投資家の支援が長期間必要になる。

再生可能エネルギーについて興味深いイニシアティブが、10か国から構成されるASEANで始まっている。ASEANは6億人以上の人口を抱え、GDPは540兆円程度になる。ASEANは各国の主権を侵害しないという原則の下で運営されている国際組織で、EUの欧州委員会のような超国家組織の政府や議会があるわけではない。また経済の発展段階が著しく異なる国が参加しているため、EUのような共通政策をとるのが難しいが、それでも共同で気候変動対応に取り組もうと活発な動きが始まっている。各国が地理的条件によって低コストで有利に供給できる再生可能エネルギーを中心に、電力供給を送電網でつなぐ構想がある。例えば、水力発電はラオス、カンボジア、インドネシア、風力発電はラオスやカンボジア、太陽光発電はカンボジア、インドネシア、そしてASEAN加盟国ではないが近隣の豪州それぞれについて、再生可能エネルギーの種類別に送電網でつなげる構想が進められている。ASEANの現地企業、中国や日本等の多くの企業が参画しているが、ASEANの中で飛びぬけて豊かなシンガポールがこの送電網の拡充で大きな役割を果たしている。

斬新なアプローチを次々と打ち出すシンガポール

シンガポールは数年前までは気候変動問題への関心は薄かったが、ここ数年の間に、国家戦略として2050年までに正味ゼロを達成する排出削減目標に向けて、政策を相次いで打ち出している(第5章を参照)。小国で資源もなく、製造業もないサービス業中心の国であるため、常に生き残りをかけて世界の動向を見つつ存在感を高める政策を行っている。シンガポールはASEANとの結束を深めて経済統合を進めており、小国でも大きな存在感がある。英語が通用し、英語の公文書・資料が多いことも政策の透明性を高めている。

２０２１年に、国の総合的な成長戦略として「シンガポール・グリーンプラン２０３０」計画を発表した。前述したように２０１９年にシンガポールは炭素税を東南アジアで最初に導入した国であり、段階的に引き上げ、国内排出量の８割をカバーする。炭素税収は一般財源には配分せずに、再生可能エネルギーや省エネ等を促進したり、家計や中小企業等への支援に回している。

２０１９年に東南アジアの主要な「カーボンハブ」となり、質の高い民間の森林再生・植林やマングローブの再生といった自然ベースのプロジェクトを中心に、それらのプロジェクトによって吸収されるCO_2分をカーボンクレジットとして認定されたものを企業が購入できる市場をつくることを目指している。こうした森林プロジェクトはアジアやその他の地域のもので、質の高いカーボンクレジット市場をつくるための「コア・カーボン原則」を踏まえて、第三者認証を受けたものを取引対象としている（コア・カーボン原則については第６章を参照）。シンガポール証券取引所（ＳＧＸ）が、シンガポールの政府系投資会社テマセク、シンガポールの銀行のＤＢＳ、そして英国のスタンダードチャータードと共同で取引所「Climate Impact X」（ＣＩＸ）を設立し、取引を開始している。世界の企業がこの市場でカーボンクレジットを購入できる。アジアのクレジット市場として活性化させる戦略とも連動させている。これとは別に、ブロックチェーン技術を使った世界的なカーボンクレジット取引所も開設されている。

炭素税を支払わなければならない企業は、支払い分の最大5％までは一定の条件を満たしたこうしたカーボンクレジットを購入して税負担を減らすことができる。炭素税の仕組みと組み合わせることでカーボンクレジットの利用も増やし、市場の育成につなげていこうという目論見である。

企業の気候関連の情報開示についても、シンガポールはアジアをリードしている。アジアでＩＳＳＢ基準を採用する予定の国・地域は、シンガポールの他に、豪州、日本、バングラデシュ、台湾、香港、マレーシア、フィリピン、スリランカ、パキスタンがある。シンガポールと香港が最も早く開示すると見込まれている。

シンガポール取引所に上場する企業は、第2章でも説明したTCFDガイドラインをもとにした開示を以前から強力に推進している。金融、農業、食品、エネルギー等のセクターは2023年から完全な開示が義務づけられている。素材、建材、輸送等のセクターでは2024年から義務化されている。ＩＳＳＢ基準に沿った開示も、上場企業に対しては早くも2025年から、大手非上場企業に対しては2027年から義務づけると発表している。スコープ3の排出量の開示は2026年から、第三者保証はスコープ1と2について最初の開示から2年後に義務づけている。

気候関連の訴訟が世界的に増加

日本ではまだあまり馴染みがないが、世界では気候を含む環境に関する訴訟件数は2017年以降に増加していることを指摘しておきたい。第2章でもふれている気候変動リスクのひとつである「訴訟・責任リスク」が、現実味を帯びてきている。

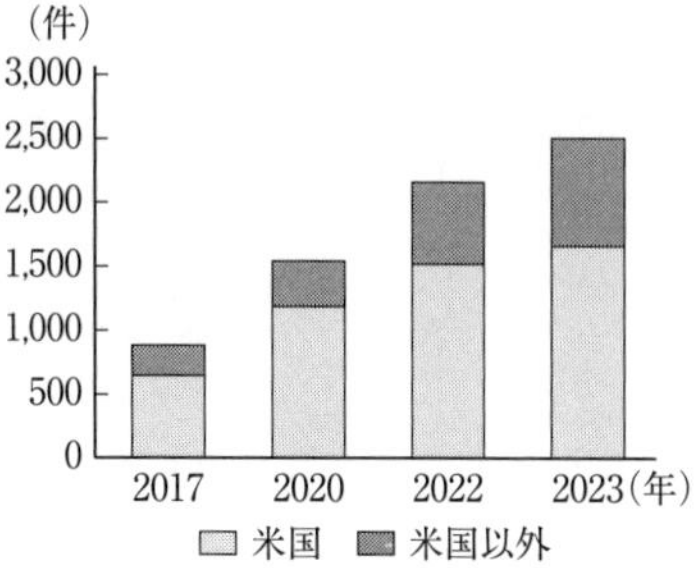

出所：サビン・センターのデータベース(https://climate.law.columbia.edu/content/climate-change-litigation)をもとに筆者作成

図4-1　気候関連訴訟の累積件数

図4-1は、コロンビア大学サビン・センターの気候変動訴訟データベースをもとに、米国と米国以外の気候関連訴訟の累積件数を示している。2023年には、米国での訴訟事例は1522件あり、このうちの114件は2023年に訴訟が提起されている。米国以外では853件の訴訟事例があり、そのうち70件が2023年に提起されている。これらのデータベースには、米国を含む54の管轄区域と21の国際または地域の裁判所、仲裁裁判所、準司法機関、またはその他の

裁判機関の情報が含まれている。

気候関連訴訟では、人権と深く関係づけられた内容も多い。同センターによれば、2023年に米国で州政府に対する2つの興味深い裁判所による判決があったと指摘している。ひとつはモンタナ州地裁で行われたHeld対State訴訟である。原告の若者たちが、モンタナ州の環境政策法によって環境審査で温室効果ガスの排出とそれによる気候変動の影響を考慮することを禁止していることが、「モンタナ州憲法で定める清潔で健康的な環境に対する権利(環境権)に違反している」と訴えたものである。モンタナ州地裁は原告や証人として専門家による証言を聴取し、温室効果ガスの排出にもとづく気候変動がモンタナ州と同州に住む児童に与える影響等を取り上げ、同年8月に同州裁判所は環境政策法が市民の「環境権を侵害し、同州憲法に違憲している」との判断を下した。被告のモンタナ州政府は地裁の判決をモンタナ州最高裁に控訴している。

もうひとつは、ハワイ州政府に対して同州最高裁で行われた司法判断である。ハワイ憲法が定める「クリーンで健康的な環境に関する権利」が、生命維持のための気候システムへの権利を包含することを示し、ハワイ州政府がこの権利を保護する義務があるとの司法判断を下している。

その後、ハワイの司法裁判所における別の訴訟では、若者がハワイ州において化石燃料を使った交通システムがハワイ憲法で定めるクリーンで健康的な環境に関する権利を侵害しているとして訴訟を起こしている。この案件の審理は、2024年6月から7月に計画されている。Held対State事件とこれらの案件の原告は、いずれも非営利の公益法律事務所Our Children's Trustが若者の代理人として訴訟を起こしている。

グリーン・ウォッシング関連の訴訟も増えている。企業がマーケティング戦略において、十分な根拠がないのに、自社製品を「カーボンニュートラル」「グリーン」「クリーン」「気候にやさしい」製品として宣伝したり、自社のカーボンフットプリントへのプラスの影響や正味ゼロ目標へのコミットメントを宣伝に使う事例に関する訴訟が世界的に増えている。

カリフォルニア州では、同州のあるガス会社が「天然ガスが再生可能である」という表現を使って消費者を誤解させており、同州の不公正競争法および環境マーケティング請求法に違反するとして訴訟が起きている。これに対して、同州検事総長は2023年8月に、同社が「天然ガスが再生可能である」との表現や暗示することを永久的に禁止し、そうした表現を、連邦取引委員会のグリーンガイドに準拠していないので使うべきではないという判決を下している。消費者を誤解させるような広告については2023年に米国以外でも16件の訴訟があり、そのほとんどが欧州であるが、カナダ、ニュージーランド、豪州でも起きている。

企業が広告や宣伝で「環境にやさしい」「エコ」といった表現をすることは日本でもよく見られている。しかし、企業が情報開示を進め始めている中で、そうした文言の科学的根拠を示していくことが要求されるようになっている。日本で訴訟が少なかったとしても、海外子会社やサプライヤーが訴訟対象となることもある。世界の動向を把握しつつ時代に即したマーケティング戦略を考えていかなくてはならなくなっている。

金融機関に対しても訴訟が増えている。世界では、投融資のポートフォリオについて排出量を大きく削減し、遅くとも2050年までに正味ゼロを宣言している大手銀行が多い。こうしたポートフォリオからの排出量は、「投融資先企業の営業・生産活動からの排出量」になる。排出の多い企業に投融資を継続していると、掲げた削減目標との整合性がないと訴えられる事例が増えている。銀行は投融資先企業が気候変動リスクに直面しておりそのリスクが顕在化することで返済能力が低下する「信用リスク」にも注意を払わなければならないが、そうした企業に融資することで自らが訴訟対象になるリスクにも備えが必要になっている。

気候関連で訴訟を起こすのは、一般的に環境を専門とする非営利組織や市民団体が多い。訴訟を受けて政府の関係当局が調査に乗り出すこともある。訴えられる企業にとっては、訴訟費用や罰金の支払いのほか、名声を失うリスクもあることを知っておきたい。

第４章のポイント　企業は世界トレンドを踏まえた企業戦略をつくろう

● 世界では、カーボンプライシングを採用する国が増えており、今後さらに広がっていくと見込まれる。カーボンプライシングは炭素税と排出量取引制度で構成されるが、企業の投資や研究開発の資金、人材等をより多く、再生可能エネルギーや必要な削減技術に振り向けることを促せると考えられている。とくに世界で最初に導入されたＥＵの排出量取引制度（ＥＵ ＥＴＳ）が、多くの国の参考にされている。

● ＥＵ ＥＴＳに関連して、ＥＵが近く実施する予定の「炭素国境調整措置」（ＣＢＡＭ）について世界の関心が集まっている。大幅な削減を実現するためにＥＵ ＥＴＳを強化し、対象セクターの排出上限を一段と減らしつつ、有償での排出権の配分を増やしていく。この結果、排出が多い企業の収益を下押しする恐れがあり、域内と域外の生産者の公平性を保つために、ＣＢＡＭを導入する予定である。ＥＵが域内生産者より排出量が多い国から輸入する場合には、排出量の差に応じて輸入関税率が適用される。排出の多い製品を輸入するEUの輸入業者はより多くの税金を支払わなければならなくなり、EUに輸出する日本企業も価格競争力が弱まることを懸念する見方がある。

●EUの「企業サステナビリティ報告指令」(CSRD)は、2024年から段階的に大手企業から適用が始まっている。CSRDは法規制であり、条件を満たす企業は、日本を含むEU域外企業であっても、いずれ連結でESG関連の詳細な開示が必要になる。全部で12テーマあり、1000以上の指標が開示対象となるが、企業にとって重大である場合に開示が必要になる。CSRDの気候関連の開示項目は、温室効果ガス排出量データや排出削減目標等についてはISSBの開示基準よりも詳細な開示規定となっている。自社にとって重大でないとの理由をつけて開示しない企業は、判断のもとになる詳細な説明が義務づけられている。また開示全体について第三者保証を得なければならない。

●米国ではカリフォルニア州を中心に、スコープ3を含む温室効果ガス排出量の開示の義務化の動きがある。同州でビジネスを展開する外資系企業も対象になる。また、米国の証券取引委員会(SEC)による最終規則では、原案にあったスコープ3排出量を外したが、大企業で重大な場合に、スコープ1と2の排出量の開示が義務づけられることになった(現在は訴訟対応のため一時的に執行を停止中)。この開示には第三者保証が必要になる。

- アジアでは、シンガポールが気候課題に積極的に取り組むことで世界的な存在感を高めている。炭素税を導入し、質の高いカーボンクレジットを目指すコア・カーボン原則をもとに世界の森林関連プロジェクトでCO_2吸収分について発行されるカーボンクレジットを売買できる取引所や、ブロックチェーン技術を使った取引所が開設されている。また、同国が中心となってASEAN各国の地理的条件を生かした再生可能エネルギーの供給網の構築を進める動きがある。企業の気候関連の情報開示でも他のアジアに先行している。
- 気候関連の訴訟が世界で増えており、企業は子会社やサプライヤーに対する訴訟により間接的に批判にさらされるリスクが高まっている。訴訟は多岐にわたるが、企業の行動が排出削減目標と整合的でない、あるいは十分な根拠がないのに「エコ」「グリーン」という宣伝文句を使う場合に、対象となる事例が見られるようになっている。

第5章

排出の多い産業の低炭素化を支える新しい金融

製造業には、鉄鋼、セメント、ガラス・化学、肥料、長距離輸送など、温室効果ガスの排出を削減するのが難しいとされるセクターが存在する。これらの産業は世界全体の温室効果ガス排出量の約3割を占めているが、大幅削減できる技術がまだ十分開発されていない、あるいはまだ高額で商業利用が難しいのが現状である。

例えば、鉄鋼のようにエネルギーを大量に使う産業で高品質の製品を生産するためにはコークスを使用する必要があり、セメントや肥料の製造も多くのCO_2を排出する。また、船舶や飛行機の電動化や持続可能な燃料の使用も必要になるが、実現には時間がかかる。こうした産業の温室効果ガス排出を正味ゼロへ減らすには、電動化のほか、CO_2の回収・有効利用・貯留(CCUS)や大気からCO_2を回収する直接空気回収(DAC)等の技術開発が重要である。また、水素を活用した新しい生産技術の開発にも期待がかかるが、これには多額の投資や研究開発が必要になる。水素生産に化石燃料を使用する場合、温室効果ガスの削減に追加的な措置が必要でさらに費用がかさむ。

こうしたセクターや化石燃料を多く使う電力セクターで低炭素化を支援するための資金は「移行金融」(トランジション・ファイナンス)と呼ばれ、世界で最近注目されつつある。しかし、移行金融の定義についてはまだコンセンサスがなく、投資家の中には環境への配慮を装ったグリーン・ウォッシングだと懸念する声も多く、大規模な資金流入はまだ実現していない。第5章では、今後重要になる移行金融と関連するテーマについて解説する。

世界で発行が増える「グリーンボンド」

世界では、気候変動・環境関連で「グリーンボンド」と呼ばれる債券が発行されている。大企業が一般的な資金調達のために発行する債券とは異なり、調達した資金の使途をほぼ全て気候変動・環境関連のプロジェクトや活動に配分することにコミットした債券である。

グリーンボンドは、再生可能エネルギーの供給、エネルギー効率の改善、建築物の低炭素化、低炭素な輸送手段の構築といったプロジェクトに使途を限定するものが多い。ただし、そのプロジェクトによってどのような効果が得られたのかを開示することが求められていない。

これとは別に「サステナビリティ・リンク・ボンド」と呼ばれる債券もある。これは前もって企業が重要な達成すべき指標(KPI)を定めて、その実現ができたかどうかで金利等の返済条件を調整することを定めた債券である。使途を限定しない代わりに、企業の温室効果ガス削減量やエネルギー効率の改善度といった数値目標をあらかじめ明確にするので、効果を重視する投資家はこうした債券へ投資することも多い。例えば、温室効果ガス排出量の削減目標を設定して、それが実現できた場合には金利を下げるといった仕組みがある。ＫＰＩが緩いと比較的容易に到達できてしまうため、どのようなＫＰＩの設定にするのかが重要になる。こうした債券のＫＰＩの多くはＧＨＧ排出削減目標を用いている。

グリーンボンドやサステナビリティ・リンク・ボンドは、「ラベル付きの債券」と位置づけられる。ラベル付きの債券を発行したい企業は、その判断のもとになるガイドラインや基準に整合しているか認証を受けることになっている。第三者が既存の基準との整合性を確認して「セカンド・パーティ・オピニオン」(第三者による意見)を提供すると、企業はそれを発行文書に添付してラベルの付いた債券を発行する。政府が国債の一環として使途を限定したグリーンボンドを発行する場合も、同様の手続きを踏んでいる。

世界で発行体が最も利用するガイドラインは、金融業界団体の国際資本市場協会(ＩＣＭＡ)が作成し公表している。このほかに、英国系シンクタンクの気候債券イニシアティブ(ＣＢＩ)が公表する基準もある。セカンド・パーティ・オピニオンを提示する独立した第三者は、格付け会社やデータプロバイダーといった民間組織が担っており、ＩＣＭＡやＣＢＩがそうした組織をリスト化している。こうした組織はガイドラインや基準を満たすまで企業をサポートし、基準が満たせるとセカンド・パーティ・オピニオンを公表するプロセスを踏んでいる。

ＩＣＭＡのグリーンボンド・ガイドラインについては、使途やセカンド・パーティ・オピニオンの公表を義務づけているが、「推奨」項目が多い。セカンド・パーティ・オピニオンを提供する第三者が、全ての推奨をもとに同ガイドラインと整合的と判断しているのか、あるいは「すべきである」という表現のある項目に注目して推奨項目にはあまり目配りせずに整合的だと判断しているのかの違いがあり、裁量の余地があると見られている。また、プロジェクトの「効果」についてもこれまで開示項目が十分でないとの批判があった。ただし、この点については、例えば、プロジェクトを行わなかった場合と比較した場合のＣＯ$_2$排出削減量の開示について、具体的なガイダンスを新たに示しており、投資家に信頼される開示を促すようになっている。ＩＣＭＡとＣＢＩの大きな違いは、前者が「グリーン」の活動を幅広くリスト化し、詳細は発行企業の判断に委ねているのに対して、ＣＢＩは科学者・専門家委員会が開発したセクターごとのグリーンの定義にもとづいており、正味ゼロや1.5℃のパリ協定目標との整合性を重視する基準である点にある。

以上のようにいくつかの課題はあるが、全体としてグリーンボンドは環境関連のプロジェクトへの配分がある程度しっかりなされており、市場も発展しつつあり、温室効果ガス排出削減のための企業行動をサポートしているとは言えよう。

排出削減が困難なセクターが直面する課題

温室効果ガスの排出削減が困難なセクターは、これらの債券と比べて、現時点では一般的な債券や銀行ローンで資金を調達していることが多い。こうしたセクターが大幅な排出削減を目指して設備投資や新しい技術開発に着手する場合、高額な費用がかかるだけでなく、技術開発が成功し商業化できる可能性については不確実性が高い。

投資家にとって投資判断が難しいのは、技術の可能性が国・地域の状況によって大きく異なっていることもある。例えば、鉄鋼などの高温の生産プロセスでは水素ガスを使った還元法が期待されているが、この方法では大量の水素が必要になる。その水素の生産に化石燃料を使うのか、再生可能エネルギーを使うのかによって、CO_2排出量に大きな違いが出る。

再生可能エネルギーを使って生産された水素は、CO_2を排出しないので「グリーン水素」と呼ばれており、最も望ましい。これに対して、石炭を使って生産した水素は「ブラウン水素」または「ブラック水素」と呼ばれており、天然ガスを使って生産した水素は、「グレー水素」と呼ばれている。化石燃料を使って生産されても、CCSやCCUSでCO_2を回収している場合には「ブルー水素」と呼ばれており、ブラウン水素やグレー水素よりも望ましい。原子力発電を使った場合には、「ピンク水素」と呼ばれている。

排出削減が困難なセクターで水素を活用してCO_2排出を削減する場合には、このように水素の生産に使う電力源も見ていかなければならない。米国のように安価な天然ガスを豊富に生産できて、かつCCS関連の設備を設置する場所や回収したCO_2を貯留できる場所も比較的見つけやすい国とそうでない国では、新しい技術の実用化の可能性も大きく異なってくる。エネルギー資源が乏しく、地理的条件から再生可能エネルギーの大量供給が難しかったり、回収したCO_2を貯留する場所が少なく他の国で探さなければならない場合には、他国で生産された水素を輸入、かつ回収したCO_2の輸出先の探索や輸送費用も考慮しなければならないので実用化の費用が大きくかさむことになる。

現時点では、政府の支援がなければ、民間企業が単独で着手する事例はまだ多くはない。こうしたセクターの低炭素に向けた投資活動をファイナンスする民間金融についての議論は、ようやく始まったばかりである。

経済協力開発機構（OECD）が2022年に発表した「移行金融に関する業界調査」によると、排出削減が難しいセクターの企業が低炭素に向けた移行計画を策定しても、6割以上の投資家がそうした計画を実践するための資金提供に消極的であることが明らかになっている

(OECD 2022)。理由は、こうしたセクターの移行計画が、第1章で指摘したパリ協定の国際的な目標と整合的なのか判断が難しいからである。技術的な不確実性が高いため企業は複数の選択肢を模索することが重要で、それが企業間のばらつきをもたらし、投資家が躊躇する背景にもなっている。

「移行債」(トランジションボンド)の発行は日本と中国が中心

移行金融を発展させるためにいくつかのイニシアティブが世界で進行しつつある(白井 2023, 2024b)。

例えば、前述した基準策定団体のICMAやCBIが、ガイドラインや基準において情報開示の拡充を促している。ICMAはハンドブックにおいて、既存のグリーンボンドやサステナビリティ・リンク・ボンドに適用される原則をもとにしつつ、排出削減が困難なセクターの企業を念頭に置いて、追加的な開示のガイダンスを示している。脱炭素への移行に向けたコミットメントを投資家に明確に伝える必要があるとの見地から、4つの要素の開示を推奨している。それらは、①企業がパリ協定目標と整合的な削減目標を設定し、それを実現するための移行戦略とガバナンス体制があること、②移行戦略は環境の観点でビジネスモデルにとって重大なものに関連させていること、③排出削減目標や削減の道筋が科学的根拠にもとづいていること、そして、④目標達成に関連する投資計画や実践について透明性を高めること、である。

このハンドブックは２０２３年に改訂されており、そこで新たな推奨項目が追加されている（ICMA 2023）。中でも強く推奨しているのが、パリ協定目標と整合的に短期・中期・長期の温室効果ガス排出削減目標を示すこと、過去の排出量データを開示すること、スコープ１、２、３の排出量を含めた温室効果ガスの削減といった目標を示していくことである。

スコープ３の開示は、企業の財務にとって重要な場合としており、ＩＳＳＢの開示基準と整合的である。排出削減の道筋については科学的根拠に則したものにすること、例えば、最低限２℃を十分下回る削減目標を設定すること等を推奨している。また企業の設備投資計画で投資判断に用いた炭素価格を明記することを求め、第２章でも指摘したインターナル・カーボンプライシングの開示を推奨している。排出量の多い活動をどのように段階的に減らしていくかについても詳細を明記することも求めている。

ただしこうした投資家からの信頼性を高めるためのガイダンスは、強弱の違いはあっても推奨が中心である。全ての推奨に沿った開示をしなければセカンド・パーティ・オピニオンが得られないというわけでもない。このため、ＩＣＭＡのハンドブックをもとに各国で補足的なガイドラインを作成して推奨を義務化したり、セカンド・パーティ・オピニオンの提供者と協議を進めて内容を厳格化し、投資家からの信頼性を高める工夫をしていくことも重要だと思われる。

ICMAは、グリーンボンド等と異なる新たなラベル付き債券の発行を推進しているわけではない。しかし、ICMAのガイドラインをもとにして特定の排出の多い取引や活動へのファイナンスについて、透明性を高めるためにグリーンボンドと区別して、「移行債」(トランジションボンド)を発行することを否定しているわけでもない。

このため、日本や中国では、ICMAのガイドライン等をもとに、政府が企業に対して移行債として、グリーンボンドとは異なる独立したラベルで発行している。

日本政府は、ICMAのガイドラインについてのセカンド・パーティ・オピニオンを取得し、2024年2月に初めて「GX経済移行債」を1.6兆円程度発行している。

GX経済移行債の資金使途は、鉄鋼、セメント、航空等に加えて、石炭火力発電とアンモニアの混焼、ガス火力発電と水素の混焼、火力発電にCCSやCCUSの技術の適用等も入る。

水素や(水素からつくられる)アンモニアは、燃焼時にCO_2を排出しないので、排出削減効果があると考えられている。ただし、混焼率によってCO_2の排出量は大きく異なるので、混焼率は大きく引き上げないと排出削減効果は限定的になる可能性が指摘されている。また日本で大量に水素やアンモニアを生産するのが難しく、海外で生産したものを輸入しなければならないため、そのための安定したサプライチェーンを新たに構築していく必要がある。総合的に見て日本では高額な排出削減方法であるとの見方も多いが、アジアでは新設されたばかりの火力発電所が多いため、そうした技術への期待も高いと見られる。

2月に発行された「GX経済移行債」については、資金使途の半分以上を鉄鋼の水素還元製鉄技術の開発や次世代半導体・次世代原子力発電所の技術開発が占める。残りは、運輸の低炭素化のためのパワー半導体や蓄電池、住宅の省エネ化等で構成されている。これらの使途については火力発電が含まれないため、CBIもグリーンボンドと同等との見方を発表している。

日本を除くと、移行債の発行が多いのは中国である。ただし経済活動が減速気味なこともあって最近の発行額は減っているため、日本による発行が目立っている。

企業自体にグリーンラベルを認証する新たな動き

ラベルの認証策定団体のCBIは、さらに進んだ取り組みを始めている。従来のようなグリーンボンドやサステナビリティ・リンク・ボンドのラベルのための基準に加えて、事業会社に対してラベルを付与する基準を2023年に策定し開始している(CBI 2023)。

CBIは、事業体に対して2種類のラベルを用意している。まずは、1.5℃と整合的な排出削減の道筋を示している企業に「整合的な企業」とのラベルを付与するための認証基準を策定している。企業はこの基準をもとに第三者認証によるセカンド・パーティ・オピニオンが必要になる。この認証を受けるには、企業はいくつかの条件を満たさなければならない。例えば、遅くとも2050年までに正味ゼロを実現する目標を掲げ、それと整合的な中期目標についても示す必要がある。それに加えて、CBIは排出削減が困難なセクターを含むいくつかのセクターについて、セクター別の具体的な基準を策定しているので、該当する企業はそれに沿って指標や正味ゼロへ削減するための閾値(最低限満たすべき排出量)等を使って削減の道筋を示す必要がある。また、どの企業も、温室効果ガス排出量については重大と判断されるスコープ1、2、3の排出量を開示しなければならない。

もうひとつの事業体向けのラベルとして、CBIは1.5℃排出削減の道筋と整合的ではないが、それに向けて「移行途上にある企業」というものも考案し、それに対する基準も策定している。「整合的」という表現は、セクターごとに想定される1.5℃排出削減の道筋と整合的であるかを示している。「移行途上にある企業」は、排出削減目標が現段階では2050年までに正味ゼロを実現する目標やセクター別の1.5℃排出削減の道筋に沿っていないが、２０３０年までには整合的にできる見通しがある企業を指している。移行計画の進捗に伴い、「整合的な企業」にグレードアップすることが可能だと見込まれる企業が対象となる。

移行途上にある企業をどう定義するかは議論の余地があるが、企業目標にラベルを認証していくことは、気候ファイナンスを発展させるために望ましい。グリーンボンドや移行債だけでは、資金使途が限定されたとしても企業全体の排出削減が進展しているかどうかは投資家には分からない。サステナビリティ・リンク・ボンドもＫＰＩが緩いとの投資家の懸念もある。このため企業全体を評価するラベルがあれば、参考にしたい投資家も多いであろう。企業全体に対してラベルが付与され利用が広がれば、気候変動・環境の観点でより信頼のできる株式投信やインデックス等の金融商品の開発が進むことも期待される。

以上のようなＣＢＩのアプローチは、世界の主流な考え方である1.5℃のカーボンバジェット（炭素予算）に沿っていることを指摘しておきたい（第1章を参照）。

世界で広がる経済活動を分類する「タクソノミー」

投資家が資金を運用する際に知りたいのは、投資資金が本当に気候変動対応や環境の持続性を高める活動に投下されているのかである。投資先企業が資金を「グリーン」「エコ」向けに使うと宣伝していても、実際はほとんど環境改善に寄与していない、むしろ悪化につながっているかもしれない。こうしたグリーン・ウォッシングの恐れが残ると、投資を手控える投資家も多い。

そこで投資家からの信頼性と透明性を向上させ、適切な投資を促す手段として、世界では環境的に持続可能な経済活動を明確に分類する「タクソノミー」(分類法)の策定が進みつつある。タクソノミーとは、EUが投資家のグリーン・ウォッシング懸念を払拭して金融市場を発展させるために時間をかけて導入・拡充している仕組みである。現在では世界で約40か国・地域が何らかのタクソノミーを採用している。その際に、各国が参照するのがEUタクソノミーである。

EUでは、タクソノミーに含める経済活動について明確な3つの条件を定めている。第一に、6つの環境目的を挙げており、それらは、①気候変動の緩和、②気候変動への適応、③水・海洋資源の持続可能な利用と保全、④循環型経済への移行、⑤汚染の防止と抑制、⑥生物多様性と生態系の保全と回復である。EUタクソノミーに分類されるには、これらの環境目的のうち、少なくとも1つに大きく貢献し、同時に他の環境目的についても著しく害さないこととしている。

第二に、環境目的については関連法で定められた「技術的基準」(閾値や期限等)を満たすこと、そして第三に、「最低限の社会的基準」(人権や労働者の権利等)を満たさなければならない。6つの環境目的それぞれに技術的基準が用意されている。

環境目的で最も注目されているのが、①気候変動の緩和、つまり温室効果ガスの削減に関するタクソノミーである。乗用車の場合、2025年末まではCO$_2$排出量は「1キロメートル当たり50グラム」という閾値が設定されており、この閾値を下回る乗用車がEUタクソノミーに分類される。2026年1月からは、1キロメートル当たりのCO$_2$排出量の閾値はゼロへ引き下げられる。2035年にはこの基準を満たさない新車販売は規制されることになる。

こうした技術的基準は、技術革新も反映して定期的に見直されている。

明確な分類法があると、企業もそれに合わせた商品開発を進めるインセンティブになるし、投資家も閾値を参考にして企業の商品の「グリーン度合い」をより正確に判断することができる。タクソノミーを用いた金融商品もつくりやすくなり、投資家からの信頼を集めやすい。既に、EUではファンドを組成する資産運用会社に対して、こうしたタクソノミーとどの程度整合的なのかを示すことを法律で義務づけている。第4章でもふれている企業の情報開示(CS

RD)にも反映されている。

グリーンボンドについては本章で述べたように、用いるガイドラインや基準によって質の違いが大きい。このため、EUは投資家からの信頼性をさらに高めるために、使途の85%以上がEUタクソノミーと整合的であるグリーンボンドを、「欧州グリーンボンド」、すなわち「EUの環境的に持続可能な債券」と見なし、「EuGB」ラベルを使うことを容認すると新たに定めた。EUの企業はICMAやCBIの認証をもとに債券を引き続き発行できるが、このラベルを使うことはできない。EUは世界の最も信頼できるグリーンボンドの発行を促していくことになり、将来的に世界のグリーンボンド市場で分断が生じていく可能性もある。同時に各国で質の高い金融商品をつくるためにタクソノミーの普及が促され、しだいにそうしたタクソノミーを関連づけた債券の発行が増える可能性がある。ラベル付き債券を発行する日本企業は、海外で発行する場合にこうした動向も理解しておくとよい。

排出削減の難しいセクターのタクソノミーをどう取り扱うか

EUタクソノミーには、鉄鋼、セメント、アルミニウム、化学、肥料、プラスチック等の、温室効果ガスの排出削減が難しいセクターも含まれている。ただし、それは再生可能エネルギーのような「低炭素な活動」ではなく、低炭素の技術が十分確立していないため「トランジショナルな活動」（脱炭素・低炭素への移行に必要な活動）として分類されている。

ＥＵによれば、こうした活動は、「技術的にも商業的にも実現可能な低炭素への代替案が現時点ではないものの、段階的な排出削減努力によって脱炭素に向けた移行を後押しする経済活動」と定義している。トランジショナルな活動についてもセクターごとに満たすべき最低基準（閾値）が示されているが、比較的シンプルな取り扱いになっている。

こうしたトランジショナルな活動には、ＥＵ域内で大きな賛否両論を巻き起こした活動として、天然ガスと原子力も含めている。これらの活動については、数値基準や期限を含めた厳しい基準を設定しており、それらを満たす活動がＥＵタクソノミーに分類されている。天然ガスであればかなり排出量を減らし、かつＣＣＳやＣＣＵＳを用いなければ満たせないほど厳しい閾値が設定されている。

そうした中で、排出が多いか削減が困難なセクターについて、グリーンではないが持続性の改善に向けたトランジショナルな活動としてもっと詳細なタクソノミーをつくる動きが、アジアで始まっている。10か国から構成される「東南アジア諸国連合」（ＡＳＥＡＮ）は、ＡＳＥＡＮ全体としてのタクソノミーを策定して、段階的に精緻化が進められている（ASEAN Taxonomy

Board 2023, 2024)。

ASEANタクソノミーは、二層構造になっている。下位にあるのが閾値を用いずに、原則や定性的な情報で活動を分類しているシンプルな枠組みである。それより発展した仕組みとして上位に、経済活動を「信号色」(緑色、琥珀色、赤色)で分類し、技術的基準(閾値や期限等)を用いた枠組みを採用している。排出削減が困難なセクターの活動をEUのように環境的に持続可能な分類(EUタクソノミー)に含めるよりも、信号色を使って、あえてトランジショナルな活動として琥珀色に分類している点が新しい。また、後で説明するが、「サンセット要件」と「石炭火力発電所の早期閉鎖」という項目がタクソノミーに入っていることも国際的な評価を高めている。

ただし、シンガポール、インドネシア、マレーシアといった加盟国は、ASEANタクソノミーをそのまま採用してはおらず、それを踏まえつつも詳細な自国の事情や産業分類法を反映した独自色の強いタクソノミーをつくっている。ここがEUタクソノミーのように域内で単一のタクソノミーが存在している地域とASEANの違いである。ASEANタクソノミーが評価されているのは、前述したように上位の枠組みが革新的な内容だからであるが、この仕組みはシンガポールの影響を大きく受けたものである。シンガポールのタクソノミーは3年半かけて段階的に準備を進めて、２０２３年末に公表されたが、ＡＳＥＡＮのものよりも詳細で野心的な内容になっている(MAS 2023b)。

シンガポールのタクソノミーの特徴は、信号色(緑色、琥珀色、不適切な活動)を用いているが、ＥＵタクソノミーと全く異なるわけではない。活動を環境的に持続可能な「緑色」に分類する場合には、ＥＵタクソノミーの技術的基準だけでなく、前述したＣＢＩが用意する1.5℃目標と整合的なセクター別の閾値も多く取り入れている。このため緑色の活動の閾値(最低限満たすべき基準)は、ＥＵタクソノミーよりも野心的で世界トップレベルに相当するとみなすこともできる。

シンガポールのアプローチが革新的で国際的な評価が高いのは、緑色の分類に含めるグリーン事業についてはＥＵやＣＢＩのような厳しい閾値(最低基準)との共通化を図る一方で、排出が多いか削減が困難なセクターについては、緑色に加えて新たに「琥珀色」として分類し、詳細な閾値を示したことにある。ＥＵタクソノミーのトランジショナルな活動よりもかなり詳細だ。例えば、鉄鋼セクターの緑色分類では、溶鉱炉でＣＣＵＳを使う場合に排出量の少なくとも７割を回収することと定めている。琥珀色分類では、遅くとも２０３０年までに緑色分類の基準を満たすこと、ＣＣＵＳを使う場合には排出量の少なくとも２割は回収すること、1.5℃と整合的な移行計画を策定すること、あるいは溶鉱炉については少なくとも生産量当たりのCO_2排出量を2030年までに1・8トン（CO_2換算）未満に減らすか、さもなければ脱炭素手段をとること等の規定がある。セクターごとに現時点で最先端の排出削減の取り組みをもとに基準を策定している。

琥珀色に分類された活動はいつまでも同分類にとどまれず、一定期間までにグリーン基準を満たして移行できなければ、不適切な活動（いわゆる赤色）に分類される「サンセット」要件を導入している。環境を害する活動は、市場退出を意味する不適切な活動として分類する。高炭素集約型セクターの脱炭素・低炭素に向けた移行に配慮しつつも、削減が不十分であれば市場から退出させる道筋を打ち出し、排出の多い施設の固定化を回避する姿勢を明確にした点が評価されている。

加えて、石炭火力発電施設の「早期の段階的閉鎖」について詳細な枠組みを示した点も国際的な評価が得られている理由である。一般的に、石炭火力発電所は40〜50年程度の運転期間が想定されているため、化石燃料を使った発電所やその他の排出の多い生産施設等の資産が十分削減対策が施されないまま固定化されることへの国際的な懸念が強い。そこで固定化する事態を回避し、投資資金が回収できなくなって「座礁資産」化しないように、運転期間を短縮して、再生可能エネルギー等へ転換することが期待されている。

現時点では、シンガポールやASEANがどのようにタクソノミーを利用していくのかまだ明らかではない。タクソノミーはつくっただけでは企業の行動変容を促したり、気候ファイナンス市場の発展につながるわけではない。EUのようにタクソノミーをもとに金融商品をつくることを奨励したり、企業の情報開示に反映させたり、グリーンボンド等のラベルに適用する等、実際に適用していくことで初めて意味を持つことになる。

今後、世界ではもっとタクソノミーを採用する国が増えていき、トランジショナルな活動を分類する試みが増えていくと見込まれる。日本にもタクソノミーの策定への期待がかかる。

石炭火力発電所の早期閉鎖の資金源「トランジション・クレジット」

石炭火力発電所の早期閉鎖については、アジアでは2つの動きがある。ひとつは、アジア開発銀行(ADB)がフィリピンとインドネシアで実践している「エネルギー・トランジション・メカニズム」(ETM)がある。早期閉鎖により、クリーンエネルギーへの転換を図る狙いがある。先進国政府の無償資金、慈善団体の寄付金、投資家や民間銀行からの出資によって、石炭火力発電所への出資者が得るはずの投資収益分を補填する必要がある。このため、ETMが出資者から株式を買い取ること、あるいは発電所に融資をしてその利息収入を発電所の債権者への支払いと出資者が失う将来収益の補償に充てること等が考えられる。ＡＤＢはベトナムでも開始しており、パキスタンやカザフスタンでも検討している。

もうひとつは、日米欧の諸国が共同で公的資金を提供し、ネットゼロの実現を目指す銀行や投資家のネットワークによる民間資金と組み合わせて再生可能エネルギーを増やし、石炭火力からの移行を目指す「公正なエネルギー移行パートナーシップ」(ＪＥＴＰ)がある。２０２１年に、再生可能エネルギーへの転換を加速するためにＣＯＰで導入が決まり、南アフリカが第１号となったが、２０２２年にインドネシアとベトナムに対して支援することでも合意している。資金提供を受ける国は脱炭素に向けた計画を策定し、石炭火力発電所の新規設立の停止や非効率な石炭火力発電所の早期閉鎖も念頭に置きつつ、再生可能エネルギーへ転換を進めていく狙いがある。

ただし、石炭生産国のインドネシアでは石炭火力が低コストであるため、電力の６割を石炭火力が担っている。しかも、早期閉鎖される発電所を超える電力容量の石炭火力発電所が建設されており、どのように国全体として石炭火力を減らし排出削減につなげていくのかが課題となっている。

ＥＴＭやＪＥＴＰでは石炭火力発電所の早期閉鎖が想定されているが、なかなかリターンが見込めないため民間資金が集まりにくい。そこで、シンガポール政府は、２０２３年に「トランジション・クレジット」の発行によって閉鎖事業の費用を捻出する案を打ち出している。例えば、発電所の運転期間が40年の予定で、現在30年目に入った発電所を閉鎖する場合、10年の短縮期間分のＣＯ$_2$の排出量を回避できる。この回避された排出分をカーボンクレジットのように扱おうというアイデアである(MAS 2023a, Shirai 2023d)。早期閉鎖で回避された排出分を、質の高いクレジットの普及を目指す国際的な「コア・カーボン原則」等の基準をもとに第三者が認定して発行されたものを「トランジション・クレジット」として売却すれば、収入が得られる。一方、購入する企業は、自社の排出量のオフセットに使えるので買うインセンティブがあると見込まれる(第6章を参照)。

シンガポールは、２０２３年末にＡＤＢのＥＴＭの下で早期閉鎖が予定されている石炭火力発電所のうちの2か所で同案を実践するプロジェクトを発表している。世界的に評価・質の高いカーボンクレジットの認証機関ゴールドスタンダード、世界自然保護基金(ＷＷＦ)、投融資ポートフォリオの正味ゼロの実現を目指す投資家・金融機関ネットワークとともに「トランジション・クレジット連合」(通称、トラクション)を立ち上げ、その実現に向けた協議を始めており、シンガポールのリーダーシップが際立っている。

移行金融を発展させるためにアジアで必要とされる協力関係

アジアでは、気候ファイナンスや移行金融を拡大させていく必要があるとの認識が高まっている。この地域は、石炭火力発電への依存度が高く、製造業の拠点となっており、排出削減が困難なセクターが増えていくであろう。このため、CCSやCCUS、あるいは水素等の技術の開発を通じて、脱炭素化を推進する気運が高まっている(白井 2024a)。

ただし、各国・地域の取り組みは、ばらつきが大きい。ASEANではタクソノミーのように共通の仕組みづくりが進められているが、欧州委員会のような超国家政府があるわけではないため、明確な統一したアプローチをとることが難しい。しかもシンガポールのように高所得国で、教育水準も高く、デジタル技術も進んでおり、突出して先進的な政策を相次いで打ち出せる国と、低所得国で開発途上にあり、気候対応が大きく遅れている国もある。

ASEAN以外では、日本、中国、韓国をはじめ、それぞれが独自のアプローチを進めている。このため、アジアの政府・金融規制当局は、企業の情報開示、気候変動リスクの監督手法、トランジション・ファイナンスに関連する個別のアプローチについて、もっとお互いに情報共有や議論を推進していくことが重要になっている。アジア全体に資金供給が増えるように、できるだけ相互互換性を高めたほうがよいと思われる。

日本では化石燃料を使った発電施設も多く、排出削減が困難なセクターもあり、脱炭素の課題で他のアジア諸国と共通する点が多い。したがって、成長が続くアジアの新興国・途上国との協力関係を体系的に構築し、アジアの主要国と協力しつつ互換性を高めていくうえでリーダーシップを発揮できる立場にあると思われる。

日本では経済産業省が、排出が多いセクターについて「技術ロードマップ」を作っている。排出が多いか、削減が困難なセクターごとに複数の削減技術について、２０５０年までに実装が可能なタイミング等を明記したものである。例えば、電力セクターでは石炭火力とアンモニアの混焼、ガス火力では水素との混焼、ＣＣＳやＣＣＵＳの活用が明記されている。技術ロードマップは、これらのセクターに属する企業が自社のネットゼロに向けた移行計画を策定するうえで技術面での排出削減の道筋を立てる際の参考になっており、他の国でもそうしたロードマップの作成を推奨したい。

その一方で、国連の責任投資原則（ＰＲＩ）や国際的な投資家・専門家からは、技術ロードマップがいつまでにどの程度それらの技術で正味ゼロまでの削減を実現していくのかが明確でなく、具体的な閾値や期限を入れて改善を促す指摘も多い(PRI 2023)。PRIは投資家の運用においてESG観点を反映させることを促す原則を示し、これに賛同して署名する5400程度の世界の投資家からなるネットワークである。こうした指摘も踏まえつつ日本全体および各セクターの正味ゼロ目標に到達する時間軸や排出削減につながる閾値の設定、実証実験のエビデンスをもとに技術的可能性や実用化の可能性について情報発信を工夫していくと、国際的な支持を得られやすくなると思われる。

アジア全体で投資家からの信頼性を高めるために企業のどのような情報開示が望ましいのか、どのようなタクソノミーがあればよいのか、移行金融でシンガポールや日本のようなアプローチがどれだけ実用的なのかを率直に意見交換することを促進し、アジア全体で移行金融が発展していくことが望ましい。この点での日本の役割への期待が高まっている。

第5章のポイント　排出削減が困難なセクターのためのファイナンスが今後の焦点に

● 温室効果ガスの排出削減が困難なセクターは、大幅削減できる技術が十分開発されていないか、技術は存在していたとしても高額で商業的にまだ利用できる段階にはない。鉄鋼、セメント、ガラス・化学、肥料、長距離輸送といったセクターが含まれる。こうしたセクターでは水素等を使った新しい生産技術、ＣＣＵＳやＤＡＣのような技術の開発が期待されている。しかし、低コスト化・実用化には多額の設備投資や研究開発が必要である。

- 排出削減の困難なセクターの低炭素化を支援するための金融は、「移行金融」（トランジション・ファイナンス）と呼ばれており、世界で注目されつつある。ただし、移行金融が何を指すのかについては世界でまだコンセンサスがあるわけではない。世界の投資家の間ではグリーン・ウォッシングと見なされることを懸念して、積極的な資金の流入はまだ起きていない。投資や研究開発には高額な費用がかかるだけでなく、技術開発が商業化できる可能性についての不確実性が大きいからである。このため政府の補助金といった支援に頼らざるを得ない企業が多い。
- 排出が多い産業により多くの投資家を呼び込み移行金融を発展させるため、いくつかのイニシアティブが世界で展開されている。金融業界団体の国際資本市場協会（ＩＣＭＡ）は排出削減が困難なセクターを念頭に置いて、追加的な開示を推奨している。

もうひとつの認証策定団体である気候債券イニシアティブ（CBI）は、企業自体にラベルを付与する取り組みを始め、1.5℃と整合的な排出削減の道筋を示している企業に「整合的な企業」ラベルを付与するための基準を策定している。興味深い点は、1.5℃排出削減の道筋と整合的ではないが、2030年までには整合的になると見込まれる企業に対して「移行途上にある企業」というラベルも策定している。債券だけでなく企業に対してラベルを認証していくことは、気候ファイナンスを発展させるために望ましい第一歩である。

● 排出の多い特定のセクターの排出削減の道筋を考える際には、第1章で紹介したカーボンバジェット（炭素予算）の考え方が使われている。

● 投資家からの信頼性を高め、適切な投資を促す手段として、環境的に持続可能な経済活動を明確化する「タクソノミー」（分類法）の策定が世界で人気を得ている。タクソノミーはEUが導入した仕組みであるが、現在では世界で40か国・地域程度が何らかのタクソノミーを採用している。分類法があると、企業もそれに合わせた商品開発を進めるインセンティブが高まり、投資家もタクソノミーの閾値を参考にして企業の商品・サービスのグリーン度合いを判断することができる。またこうしたタクソノミーを用いた金融商品もつくりやすくなる。

●排出削減が困難なセクターを、ＥＵでは環境的に持続可能な活動の中のトランジショナルな活動として分類している。これに対して、シンガポールとＡＳＥＡＮのタクソノミーでは、信号機の３色（緑色、琥珀色、赤色等）を使って、緑色の基準を満たさないが持続性の改善に向けた活動を琥珀色に分類している。琥珀色の分類では閾値の設定のほか、サンセット要件を入れて特定の期間までに緑色の基準を満たせない活動は赤色（不適切な活動）として分類した点が国際的に評価されている。また石炭火力発電施設の早期閉鎖も含めている。タクソノミーをＡＳＥＡＮやシンガポールがどのように活用していくのかは、まだ明確ではない。ＥＵのように、ラベル付き債券に適用していく可能性もある。

●アジアは石炭火力発電への依存度が高く、排出削減が困難なセクターも多い。日本を含むアジア全体で気候ファイナンス、中でも移行金融が発展していくように、相互理解と互換性を高める努力を始めることが重要である。互換性を高めるうえで、日本のリーダーシップに期待がかかる。

第6章

カーボンクレジットは企業の救世主になるのか

世界でおよそ2000社ほどある最大手企業のなかで、およそ3分の1が温室効果ガス排出量について正味ゼロ目標を掲げている。多くの企業は削減目標を実現するために削減努力を行っているが、技術面あるいは費用面からどうしても削減できない部分が残る。この残った部分を「カーボンクレジット」の購入によって相殺(オフセット)することができると考えられている。この場合、企業は排出量からカーボンクレジット購入分を差し引いた「正味」で示すことになる。世界では、大企業が排出削減目標を実現していくために、第三者からカーボンクレジットを買い入れてオフセットする事例が増えている。第2章でもふれているように、米企業アップルの場合は、自社の環境保全活動を通じて得られたカーボンクレジットを使用して、削減が難しい部分をオフセットしている。民間のプロジェクトから発行されたカーボンクレジット市場は、現在20億ドル程度(約3100億円)に過ぎないとみられている。これが今後、需要がさらに高まり、2030年頃には50倍に、2050年頃には100倍を超えるとの予測もある。第6章では、企業にとって今後重要になるカーボンクレジットをめぐる動向についてポイントを解説する。

カーボンクレジットとは何か

カーボンクレジットは、大きく分けると、「自然由来」と「技術由来」に分けられる。自然由来のプロジェクトでは、森林再生や植林、湿地の回復、マングローブの再生、再生可能な農業の取り組み等によって大気中の二酸化炭素(CO_2)を吸収・固定するプロジェクトが中心である。

しかし自然由来のプロジェクトだけでは大気からCO_2を十分除去するのが難しいため、技術由来のプロジェクトへの期待も高い。大気中から直接回収し長期間にわたって貯留するDACが代表例である。技術由来には、このほか、CO_2の回収・有効利用・貯留(CCUS)や回収・貯留(CCS)、発酵したメタンを発電に利用するプロジェクト等も含まれている。ただし、自然由来のプロジェクトよりも費用がかかる(白井 2022b)。

カーボンクレジットには、国連や政府が主導して行うプロジェクトに由来する公的なものもあるが、今後、重要になるのは民間開発業者等が任意で実践するプロジェクトに関連するカーボンクレジットである。世界には、民間プロジェクトからのカーボンクレジットを認定する組織、その基準を策定する機関、カーボンクレジットとして登録する機関等が多数ある。カーボンクレジットの質に応じて、格付けのような評価をする企業も世界で登場している。

企業はカーボンクレジットの質の違いに注意が必要

しかし民間のカーボンクレジットは玉石混交である。民間のカーボンクレジットを取引する市場はまだ規制もなく、品質、価格、透明性に課題がある。

有名な例としては、2023年に科学学術雑誌『Science』に掲載されたカーボンクレジットの問題を指摘する研究がある。この研究では、カンボジア、ペルー、コロンビア、タンザニア、コンゴ民主共和国で実践された18の森林再生・森林管理のカーボンクレジットの案件を分析したところ、わずか6%だけが森林保全を通じた追加的なCO_2吸収に貢献していることを明らかにしている。これらのカーボンクレジットは、著名な国際的なカーボンクレジット基準管理団体Verraが策定する基準をもとに第三者の認証を受けて発行されたものである。研究では大半のプロジェクトは森林伐採を減らす効果がないのに、効果があったと主張してカーボンクレジットが発行されていることを明らかにした。

質の違いが大きいと、カーボンクレジット市場の発展が制約される恐れがある。このため民間組織が主導して「コア・カーボン原則」を策定している。それらの原則を満たすものを質が高いカーボンクレジットと見なすことへの理解が進みつつあり、世界で利用が広がっている。ここでは、それらの原則の中でも重要なプロジェクトの「追加性」と「永続性」について説明しよう。

追加性の概念はやや分かりにくい面があるが、最も重視されている。カーボンクレジットの発行のベースとなるプロジェクトを実現するにあたり、プロジェクトの実践により発行され第三者に販売されるカーボンクレジットからの収益が欠かせないという原則を指している。カーボンクレジットの売却収益が無かったとしても実現できるようなプロジェクトであれば、開発業者によるプロジェクトを実施するかどうかの判断で、カーボンクレジットが重要な要素になっていないことになる。そうであれば、カーボンクレジットの見地からプロジェクトに追加性がないことになる。

つまり、追加性を満たしたカーボンクレジットを購入する企業は、「クレジットの購入によって新たに追加的な脱炭素プロジェクトの組成に寄与した」と胸をはって宣伝できることになる。追加性の判断は、状況によって変わりうる。以前はカーボンクレジットの売却収益を当てにしないとプロジェクトが成り立たなかったとしても、プロジェクトの生産費用が低下してプロジェクトの採算がとれるようになれば、カーボンクレジットを発行しなくてもプロジェクトを運営できるようになる。再生可能エネルギーがこうした事例に該当するようになってきている。そうなると追加性がないため、世界ではカーボンクレジットの発行が認められなくなってきている。

もうひとつの「永続性」の原則については、プロジェクトで削減、除去、回収されたCO_2が恒久的であることを指す。DACによって大気中のCO_2を取り込み、密閉された地下奥深くに貯留するプロジェクトで発行されたカーボンクレジットは長く貯留されると考えられている。100年かそれ以上の期間にわたるものを永続性があるとみなす見方もある。

カーボンクレジットの取り扱いをめぐる世界の動向

世界では、企業がカーボンクレジットを使って排出量をオフセットすることに慎重な意見もある。

世界で高い評価を受けているScience Based Targets(SBT)イニシアティブは、企業の温室効果ガスの排出削減目標が科学的根拠にもとづいているかを認証する国際組織である(第3章を参照)。同イニシアティブでは、企業が排出削減や正味ゼロの目標の実現に際してカーボンクレジットをカウントすることを認めていない。カーボンクレジット購入は、あくまでもそれとは別の追加的な行為とみなしている。2050年までにほとんど自力で自社やサプライヤーの排出を削減してもなお残る限られた排出量を相殺するために、カーボンクレジットを使うことはできる。その場合にもどのクレジットでもよいのではなく、CO_2を除去するクレジットだけが認められている。

だが２０２４年４月には、この考え方を緩めて、企業がバリューチェーン全体でスコープ３の排出削減を目指して取り組んで得られたカーボンクレジット等の活用も、一定の条件を満たせば容認する方向性を新たに示している。しかし、内部関係者やＮＧＯ等による反発により、その３日後にこの方向性を撤回するに至っている。

ＥＵの欧州委員会は２０２３年に、CO_2を除去したカーボンクレジットに対する信頼性を高めるために認証する仕組みを提案している。ＥＵが認証を検討する炭素を除去して貯留する方法としては、自然にもとづく解決法（例えば、森林や土壌の再生、革新的な農業手法）、技術にもとづく解決法（ＣＣＳとバイオエネルギーの組み合わせ、あるいはＤＡＣ）、長期間持続する製品や材料（例えば、木質ベースの建設材料）が挙げられている。除去されたCO_2を算定し、追加性があり、CO_2を長期間貯留といった、いくつかの質の高いクレジットのための基準を新たに策定する。そして、産業活動や自然保全等の活動から除去したCO_2量の算定・監視・報告・第三者による認証について詳細な規則をＥＵが承認する内容である。

しかも、ＥＵは企業がカーボンクレジットを使わずに排出ゼロを達成できることを証明できない限り、「気候中立」「カーボンニュートラル」という表現を使うことについて2026年から禁止する方針も検討している。

IFRS財団の国際サステナビリティ基準審議会(ISSB)の開示基準でも、カーボンクレジットについて情報の開示を求めている。第3章でもふれているが、排出削減目標にカーボンクレジットを含めている場合には、どの程度そうしたカーボンクレジットを使って目標を達成する予定なのかを説明する必要がある。

カーボンクレジットの質を高めるために、デジタル技術に期待する動きもある。欧州では大手銀行が連携して、コア・カーボン原則を満たすカーボンクレジットをインターネット上で取引できる取引所をつくる動きがある。ブロックチェーン技術を使ったプラットフォームは英国に拠点があり、欧州系銀行だけでなく邦銀も参加している。シンガポールでも、ブロックチェーンを使って世界の質の高いカーボンクレジットを取引できる国際的な取引所を創設している。

日本取引所グループも、2023年からJ-クレジットを中心にカーボンクレジット市場を立ち上げている。日本においても世界のトレンドを踏まえて質の高いカーボンクレジットを発行し、ブロックチェーン等の技術を使って信頼性を高め、世界的な市場をつくりあげていくことを期待したい。

カーボンクレジットと非化石証書の違いを知っておこう

もうひとつ企業にとって重要な「非化石証書」や「再生可能エネルギー証書」について、カーボンクレジットとの違いを説明しておきたい。カーボンクレジットは、企業や開発業者がプロジェクトで排出削減や除去・回収した排出量を、それをしなかった場合をベースラインとして、それらの差を基準にもとづいて算出し、第三者が認証し発行されている。企業はカーボンクレジットを購入して、スコープ１、２、あるいは3の排出量からオフセットすることが行われている。

これとは仕組みが異なるが、企業が排出量を減らすのに用いることができる非化石証書や再生可能エネルギー証書がある。主に再生可能エネルギー等を使って電力供給をする発電会社が発行している。電力会社は、電力発電のうち、再生可能エネルギー等のCO_2を排出しない非化石電源の環境価値を分離して取引することができる。カーボンクレジットの単位がCO_2に換算した10億トンや１００億トンで測られるのに対して、証書は１メガワット時（ＭＷｈ）の単位を採用している。証書は、再生可能電力の生成や属性について法的に証明するもので、売買し移転できる。この証書を購入した保有者が排他的な権利を持ち、「再生可能エネルギーを利用している」と主張することができる。証書を購入した企業は、スコープ2の電力購入からの排出量を直接減らすことができる。

証書は、再生可能エネルギーが乏しい地域の企業が、既存の電力契約を変更することなく排出量をオフセットできる。通常、企業が送電網を通じて電力を購入するときに、その電力源が化石燃料なのか再生可能エネルギーなのかは分からないため、こうした証書が有用になる。カーボンクレジットのように質にばらつきがある場合には、コア・カーボン原則を順守しているのか確認する必要があるが、証書は法的証書なのでその必要はない。こうした違いから、前述したSBTイニシアティブもカーボンクレジットとは異なり、証書を容認している。表6-1は、カーボンクレジットと非化石証書の違いを示している。

日本でも世界でも、こうした証書の利用が増えている。主に電力会社が発行する非化石証書のほか、太陽光パネル等を中心とするグリーン電力証書がある。GHGプロトコルで利用が認められており、企業にはこうした信頼できる証書を活用することを勧めたい(第3章を参照)。

最近では持続可能な航空燃料(SAF)でも、燃料の部分とSAF証書の部分を分けてSAF証書を売買する動きが見られている。企業が商品を輸出入するときに航空機を使って輸送するとその輸送にかかる排出量はスコープ3の上流に計上される。この際にSAF証書を購入すれ

表6-1　カーボンクレジットと非化石証書の違い

	カーボンクレジット	非化石証書
特徴	温室効果ガス排出削減や除去・回収した量をベースライン対比で算定し，認証を受けた排出量．様々なプロジェクトを実践する主体が発行．	再生可能エネルギーやその他の非化石燃料由来電力量の属性の証明書．主に電力会社が発行．
単位	$MtCO_2$ (100万CO_2換算トン)	MWh (メガワット時)
活用方法	企業はカーボンクレジットを購入して排出量(スコープ1，2，3)からオフセットすることが可能．ネット排出量として算定される．	企業はスコープ2の購入電力からの排出量を削減可能．購入電力量のうち，同証書購入分の排出係数はゼロとなる．
企業	企業の排出削減目標の達成に利用できる．削減費用を節約するために活用することも多い．	企業の排出削減目標の達成に利用できる．削減費用を節約するために活用できる．再生可能エネルギー等を利用していると主張することが可能．電力購入と別に購入が可能．
課題	カーボンクレジットの質や価格のばらつきが大きい．コア・カーボン原則(追加性等)に沿ったカーボンクレジットは質が高いとみなされる．そうした原則に沿っていないカーボンクレジットも多く発行・利用されているのが現状．	再生可能エネルギー等を利用する場合は，追加性等の原則を満たす必要がない．

出所：筆者作成

ば、スコープ3から証書購入分を減らすことができる。航空会社も自社の航空機を飛行させると排出が増えるがその分を証書の購入で減らすことが可能である。SAF燃料が簡単に入手できなくても、証書を購入することでSAF燃料を使用したと主張することができる。

世界では日々新しいアイデアや動きが見られているため、企業は気候変動対応に様々な選択肢があることを知っておくことが大切である。気候変動への対応は費用がかかるが、同時に新しいアプローチや商品・サービスの開発もたくさん見られており、世界で新しいダイナミズムが生まれている。商機もあるため、企業は世界のトレンドにこれまで以上に目を向けていくことをお勧めしたい。

参考文献

CDP(2020)「CDPサプライチェーンプログラム 活用事例紹介」

グローバル・カーボン・プロジェクト(2023)「Global Carbon Budget 2023」

白井さゆり(2022a)『カーボンニュートラルをめぐる世界の潮流』 文眞堂

白井さゆり(2022b)『SDGsファイナンス』 日本経済新聞出版

白井さゆり(2023)「気候政策を支援する金融 市場拡大へ共通基準設定を」日本経済新聞、経済教室、11月24日

白井さゆり(2024a)「アジアで重要性が高まるトランジション・ファイナンス」 環境金融研究機構 環境金融ブログ、1月5日

白井さゆり(2024b)「気候トランジション・ファイナンスに対する世界の動向」『野村サステナビリティクォータリー』 Vol. 5–1 Winter, pp. 10–17.

ASEAN Taxonomy Board. 2023. ASEAN Taxonomy for Sustainable Finance, Version 2, June 9.

ASEAN Taxonomy Board. 2024. ASEAN Taxonomy for Sustainable Finance, Version 3, March 27.

Climate Bonds Initiative (CBI). 2023. Climate Bonds Standard, Globally Recognised, Paris-Aligned Certification of Debt Instruments, Entities and Assets Using Robust, Science-Based Methodologies, Version 4.0, April.

Fitch Ratings. 2023. "Climate Risk-Related Downgrade May Affect 20% of Global Corporates by 2035", March 8.

Greenhouse Gas Protocol. 2021. Technical Guidance for Calculating Scope 3 Emissions: Supplement to the Corporate Value Chain (Scope 3) Accounting & Reporting Standard, October.

Intergovernmental Panel on Climate Change (IPCC). 2018. Special Report on Global Warming of 1.5°C.

Intergovernmental Panel on Climate Change (IPCC). 2023. AR6 Synthesis Report: Climate Change, March.

International Capital Market Association (ICMA). 2023. Climate Transition Finance Handbook. Guidance for Issuers, June.

International Energy Agency (IEA). 2021. Net Zero by 2050, May.

International Energy Agency (IEA). 2024. Renewables 2023: Analysis and Forecasts to 2028, January.

International Monetary Fund (IMF). 2023. Fiscal Monitor: Climate Crossroads: Fiscal Policies in a Warming World, October.

International Sustainability Standards Board (ISSB). 2023. IFRS Sustainability Disclosure Standard, IFRS S2 Climate-related Disclosures, June 26.

Monetary Authority of Singapore (MAS). 2023a. "Accelerating the Early Retirement of Coal-Fired Power Plants through Carbon Credits", Working Paper, Monetary Authority of Singapore and McKinsey & Company, September.

Monetary Authority of Singapore (MAS). 2023b. Singapore-Asia Taxonomy for Sustainable Finance: 2023 Edition, December.

Moody's. 2022. "Environmental Heat Map: Sixteen Sectors with $4.3 trillion in Rated Debt Face Heightened Environmental Credit Risk", October 31.

Organisation for Economic Co-operation and Development (OECD). 2022. OECD Guidance on Transition Finance, October.

Principles for Responsible Investment (PRI). 2023. Policy Briefing: Delivering Net Zero in Japan, December 6.

Shirai, Sayuri. 2023a. Global Climate Change Challenges, Innovative Finance, and Green Central Banking. Asian Development Bank, July.

Shirai, Sayuri. 2023b. "Promoting Sustainable Finance and Financial Stability Through Climate-Related Corporate Disclosure in Asia", Asian Development Bank Institute, ADBI Policy Brief, No. 2023–12, October.

Shirai, Sayuri. 2023c. "Enhancing the Credibility of Corporate Climate Pledges—Bringing Climate Transition Plans and Climate Scenario Analysis into the Mainstream", Asian Development Bank Institute, Working Paper Series, No. 1415, October.

Shirai, Sayuri. 2023d. "An Overview of Approaches to Transition Finance for Hard-to-Abate Sectors", Asian Development Bank Institute, Working Paper Series, No. 1423, December.

S&P Global. 2023. "Corporate Credit Risk and Climate Change: Energy Transition Opportunities and Physical Risk Challenges", Blog, April 4.

World Business Council for Sustainable Development (WBCSD). 2023. Guidance on Avoided Emissions: Helping Business Drive Innovations and Scale Solutions Towards Net Zero, March 22.

おわりに

本書では、気候変動関連を中心に最近の様々な動きを「環境とビジネス」の観点から紹介してきた。新しい仕組みや考え方が日々生まれており、規制が追いつかない面も多い。課題も多いが、新たな産業として新しい技術やスタートアップ企業も次々と生まれ、ダイナミックな企業活動を世界的に生み出している。

日本やアジアでは、まだ多くの国民や企業年金等の機関投資家は気候変動を含む環境的課題に関心が薄いと聞いている。気候変動をテーマにしたメディアの取り扱いも増えているが、他人事と受け止めている人が多い。世界の環境アクティビストや投資家、あるいは環境意識の高い取引先の大企業からの強い要請に直面する大企業はともかく、それ以外の多くの企業はまだ関心が低く、危機感も十分高まっているわけではない。

しかし、世界の大企業や大手金融機関は、気候変動・環境リスクの管理が、企業の取締役会と経営者にとって最も重要な決定になると肌で感じとっている。企業は生産・営業活動からの温室効果ガス排出量を減らしていかないと、いずれ株価や市場価値が大幅に低下したり、格付けや資金調達費用が高まっていく可能性がある。現在は気候変動リスクがまだ金融・証券市場の価格に十分反映されていないが、今後は変化が突然起きる可能性もある。

地球温暖化やその影響は誰が見ても明らかに顕在化してきており、そのペースが予想以上の速さで進行しているのは事実である。このため企業は、その危機感が急速に共有されて、大幅な排出削減に向けて経済を移行させる動きが世界で加速する可能性についても意識しておくのがよいであろう。

大企業は直接的に、あるいはサプライヤーを通じて間接的に気候変動対応をしていかなければならない。カーボンプライシング等の気候政策や規制や情報開示の動きは強まりつつあり、後戻りすることはないであろう。大企業はそれが分かっているからこそ、世界のトレンドを踏まえてカーボンニュートラルを掲げて行動を始めている。

中小企業や上場していない企業であっても、こうした世界のトレンドから影響を受けずにすむことはないと理解しておこう。取引先の大企業、あるいは融資を受ける銀行からの要請により、温室効果ガスの排出削減に努め、それをいかに開示していくかに向き合わなければならなくなっている。

気候変動対応に取り組む過程で、時代のニーズに即した商品・サービスを開拓できる可能性もある。そうした商機をつかんで利益拡大につなげていくチャンスもある。前向きの発想が、技術革新や環境課題のソリューションとなるような商品・サービスの開発を促していくことになるであろう。

読者の皆様に本書が、今後の企業経営に少しでもヒントになる情報を提供でき、お役に立つことができることを願っている。

２０２４年６月

白井さゆり

白井さゆり

1993年コロンビア大学大学院Ph.D.取得(経済学博士). 国際通貨基金(IMF)エコノミスト, 日本銀行審議委員を歴任. 2023年末に, 気候ファイナンスの拡充を目指す, アジア開発銀行・同研究所の共同プロジェクトAsian Climate Finance Dialogueを創設.
現在―慶應義塾大学総合政策学部教授. アジア開発銀行研究所(ADBI)のサステナブル政策アドバイザーを兼任.
専攻―マクロ経済, 国際金融, 金融政策, 気候政策, ESGファイナンス.
著書―『超金融緩和からの脱却』(2016年), 『SDGsファイナンス』(2022年, 以上, 日本経済新聞出版), 『カーボンニュートラルをめぐる世界の潮流』(2022年, 文眞堂) ほか.

環境とビジネス―世界で進む「環境経営」を知ろう
岩波新書(新赤版)2022

2024年7月19日 第1刷発行

著 者 白井《しらい》さゆり

発行者 坂本政謙

発行所 株式会社 岩波書店
〒101-8002 東京都千代田区一ツ橋2-5-5
案内 03-5210-4000 営業部 03-5210-4111
https://www.iwanami.co.jp/

新書編集部 03-5210-4054
https://www.iwanami.co.jp/sin/

印刷・理想社 カバー・半七印刷 製本・中永製本

ISBN 978-4-00-432022-7 Printed in Japan

岩波新書新赤版一〇〇〇点に際して

ひとつの時代が終わったと言われて久しい。だが、その先にいかなる時代を展望するのか、私たちはその輪郭すら描きえていない。二〇世紀から持ち越した課題の多くは、未だ解決の緒を見つけることのできないままであり、二一世紀が新たに招きよせた問題も少なくない。グローバル資本主義の浸透、憎悪の連鎖、暴力の応酬――世界は混沌として深い不安の只中にある。

現代社会においては変化が常態となり、速さと新しさに絶対的な価値が与えられた。消費社会の深化と情報技術の革命は、種々の境界を無くし、人々の生活やコミュニケーションの様式を根底から変容させてきた。ライフスタイルは多様化し、一面では個人の生き方をそれぞれが選びとる時代が始まっている。同時に、新たな格差が生まれ、様々な次元での亀裂や分断が深まっている。社会や歴史に対する意識が揺らぎ、普遍的な理念に対する根本的な懐疑や、現実を変えることへの無力感がひそかに根を張りつつある。そして生きることに誰もが困難を覚える時代が到来している。

しかし、日常生活のそれぞれの場で、自由と民主主義を獲得し実践することを通じて、私たち自身がそうした閉塞を乗り超え、希望の時代の幕開けを告げてゆくことは不可能ではあるまい。そのために、いま求められていること――それは、個と個の間で開かれた対話を積み重ねながら、人間らしく生きることの条件について一人ひとりが粘り強く思考することではないか。その営みの糧となるものが、教養に外ならないと私たちは考える。歴史とは何か、よく生きるとはいかなることか、世界そして人間はどこへ向かうべきなのか――こうした根源的な問いとの格闘が、文化と知の厚みを作り出し、個人と社会を支える基盤としての教養となった。まさにそのような教養への道案内こそ、岩波新書が創刊以来、追求してきたことである。

岩波新書は、日中戦争下の一九三八年一一月に赤版として創刊された。創刊の辞は、道義の精神に則らない日本の行動を憂慮し、批判的精神と良心的行動の欠如を戒めつつ、現代人の現代的教養を刊行の目的とする、と謳っている。以後、青版、黄版、新赤版と装いを改めながら、合計二五〇〇点余りを世に問うてきた。そして、いままた新赤版が一〇〇〇点を迎えたのを機に、人間の理性と良心への信頼を再確認し、それに裏打ちされた文化を培っていく決意を込めて、新しい装丁のもとに再出発したいと思う。一冊一冊から吹き出す新風が一人でも多くの読者の許に届くこと、そして希望ある時代への想像力を豊かにかき立てることを切に願う。

（二〇〇六年四月）